U0248950

青少年网络素养读本·第1辑

罗以澄　万亚伟　主编

黑客与网络安全

HEIKE YU WANGLUO ANQUAN

陈　刚　著

宁波出版社
NINGBO PUBLISHING HOUSE

《青少年网络素养读本·第1辑》
编委会名单

总　序

　　互联网技术的快速发展和广泛运用为我们搭建了一个丰富多彩的网络世界,并深刻改变了现实社会。当今,网络媒介如空气一般存在于我们周围,不仅影响和左右着人们的思维方式与社会习性,还影响和左右着人际关系的建构与维护。作为一出生就与网络媒介有着亲密接触的一代,青少年自然是网络化生活的主体。中国互联网络信息中心发布的第40次《中国互联网络发展状况统计报告》显示,我国网民以10—39岁的群体为主,他们占整体网民的72.1%,其中,10—19岁占19.4%,20—29岁的网民占比最高,达29.7%。可以说,青少年是网络媒介最主要的使用者和消费者,也是最易受网络媒介影响的群体。

　　人类社会的发展离不开一代又一代新技术的创造,而人类又时常为这些新技术及其衍生物所控制,乃至奴役。如果不能正确对待和科学使用这些新技术及其衍生物,势必受其负面影响,产生不良后果。尤其是青少年,受年龄、阅历和认知能力、判断能力等方面局限,若得不到有效的指导和引导,容易在新技术及其衍生物面前迷失自我,迷失前行的方向。君不见,在传播技术加速迭代的趋势下,海量信息的传播环境中,一些青少年识别不了信息传播中的真与假、美与丑、善与恶,以致是非观念模糊、道德意识下降,甚至抵御不住淫秽、色情、暴力内容的诱惑。君不见,在充满魔幻色彩的网络世界里,一些青少年沉溺于虚拟空间而离群索居,以致心理素质脆弱、人际情感疏远、社会责任缺失;还有一些青少年患上了"网络成瘾症","低头族""鼠标手"成为其代名词。

2016年4月19日,习近平总书记在网络安全和信息化工作座谈会上指出:"网络空间是亿万民众共同的精神家园。网络空间天朗气清、生态良好,符合人民利益。网络空间乌烟瘴气、生态恶化,不符合人民利益……我们要本着对社会负责、对人民负责的态度,依法加强网络空间治理,加强网络内容建设,做强网上正面宣传,培育积极健康、向上向善的网络文化,用社会主义核心价值观和人类优秀文明成果滋养人心、滋养社会,做到正能量充沛、主旋律高昂,为广大网民特别是青少年营造一个风清气正的网络空间。"网络空间的"风清气正",一方面依赖政府和社会的共同努力,另一方面离不开广大网民特别是青少年的网络媒介素养的提升。"少年智则国智,少年强则国强。"青少年代表着国家的未来和民族的希望,其智识生活构成要素之一的网络媒介素养,不仅是当下各界人士普遍关注的一个显性话题,也是中国社会发展中急需探寻并破解的一个重大课题。

网络媒介素养既包括对媒介信息的理解能力、批判能力,又包括对网络媒介的正确认知与合理使用的能力。为此,我们组织编写了这套《青少年网络素养读本》,第一辑包含由六个不同主题构成的六本书,分别是《网络谣言与真相》《虚拟社会与角色扮演》《网络游戏与网络沉迷》《黑客与网络安全》《互联网与未来媒体》《地球村与低头族》,旨在帮助青少年读者看清网络媒介的不同面相,从而正确理解和使用网络媒介及其信息。为适合青少年读者的阅读习惯,每本书的篇幅为 15 万字左右,解读了大量案例,并配有精美的图片和漫画,以使阅读与思考变得生动、有趣。

这套丛书是集体才智的结晶。编写者分别来自武汉大学、郑州大学、湖南科技大学、广西师范学院、东莞理工学院等高等院校,六位主笔都是具有博士学位的教授、副教授,有着多年的教学与科研经验;其中几位还曾是媒介的领军人物,有着丰富的媒介工作经验。编写过程中,他们秉持知识性、趣味性、启发性、开放性的原则,不仅带领各自的学生反复谋划、研讨话题,一道收集资料、撰写文本,还多次深入社会实践,倾听青少年的呼声与诉求,调动青少年一起来分析自己接触与使用网络的行为,一起来寻找网络化生存的限度与边界。因此,从这个层面上说,这套丛书也是他们与青少年共同完成的。还需要指出的是,六位主笔的孩子均处在青少年时期,与大多数家长一样,他们对如何引导自己的孩子成为一个文明的、负责任的网民,有过困惑,有过忧虑,有过观察,有过思考。这次,他们又深入交流、切磋,他们的生活经验成为本丛书编写过程中的另一面镜子。

　　作为这套丛书的主编之一，我向辛勤付出的各位主笔及参与者致以敬意。同时，也向中共宁波市委宣传部和宁波出版社的领导、向这套丛书的责任编辑表达由衷的感谢。正是由于他们的鼎力支持与悉心指导、帮助，这套丛书才得以迅速地与诸位见面。青少年网络媒介素养教育任重而道远，我期待着，这套丛书能够给广大青少年以及关心青少年成长的人们带来有益的思考与启迪，让我们为提升青少年的网络媒介素养共同出谋划策，为青少年的健康成长共同营造良好氛围。

　　是为序。

罗以澄

2017 年 10 月于武汉大学珞珈山

目　录

总　序……………………………………………… 罗以澄

第一章　网络时代的黑客

第一节　谁是黑客……………………………………… 3

一、黑客的身世 …………………………………… 3

二、黑客的家庭成员 ……………………………… 5

第二节　黑客从哪里来……………………………… 16

一、黑客的起源 …………………………………… 17

二、黑客产生的原因 ……………………………… 25

第二章　黑客的语言、分类与特征

第一节　黑客的语言………………………………… 33

第二节　黑客的分类·····································　44

一、黑客、红客、蓝客与骇客····························　45

二、白帽、灰帽与黑帽黑客····························　48

三、电话飞客与脚本小子·······························　52

第三节　黑客的特征·····································　54

一、黑客的群体特点································　56

二、黑客攻击行为的特点····························　60

第三章　黑客攻防原理

第一节　黑客工作守则·································　67

一、"六条军规"：黑客精神指导下的行为准则　··········　67

二、凯文·米特尼克与罗伯特·莫里斯：黑客守则的崩坏　···

三、从聚合到分化："黑帽""白帽"与"灰帽"　···········　70

第二节　黑客攻击原理·································　71

一、前期准备：确定目标与收集信息　··············　72

二、实施攻击：获得权限与扩大权限　··············　73

三、善后工作：清理痕迹与植入后门　··············　75

第三节　黑客的入侵方式 ························ 78

一、"走正门"："流光"软件与密码安全 ········· 79

二、"秘密潜入"：后门程序与特洛伊木马 ········· 82

三、"破坏城堡"：蠕虫病毒与邮箱炸弹 ········· 84

第四节　黑客攻击的防御术 ························ 87

一、数据加密技术：为电脑系统装上"防盗门" ········· 88

二、防火墙技术：阻断黑客访问的"高墙" ········· 90

三、病毒查杀技术：斩杀病毒木马的"利剑" ········· 93

第四章　著名黑客人物与黑客事件

第一节　国内著名的黑客人物 ···················· 99

一、黄鑫（Glacier）：木马"冰河"的最初作者 ········· 100

二、肖新光（江海客）：技术与理性兼具的黑客 ········· 101

三、陈盈豪："病毒之母"的始作俑者 ········· 103

四、李俊：病毒"熊猫烧香"的作者 ········· 105

五、汪正扬：中国年纪最小的黑客 ········· 107

第二节　国外著名的黑客人物 ···················· 109

一、凯文·米特尼克：世界头号电脑骇客 ········· 110

二、罗伯特·莫里斯：打开蠕虫病毒"潘多拉魔盒"的人 ····· 113

三、爱德华·斯诺登："棱镜门"事件的主角 …………… 115

四、比尔·盖茨：从"网络神童"到世界首富 …………… 117

第三节 举世瞩目的黑客事件…………………………… 120

一、中美黑客大战：第六次网络卫国战争 …………… 120

二、索尼"黑客门"事件：黑客攻击令跨国公司陷入信任危机

………………………………………………… 122

三、"棱镜门"背后的中美博弈：美国国家安全局入侵华为 … 124

第五章 黑客与网络安全

第一节 网络安全的含义、特征与威胁来源…………… 131

一、什么是网络安全 …………………………………… 131

二、网络安全的特征 …………………………………… 134

三、网络安全的威胁来源 ……………………………… 136

第二节 黑客的正面影响：黑客不"黑"……………… 138

一、提高计算机软件和系统的安全性 ………………… 138

二、黑客对信息共享的追求 …………………………… 141

第三节 黑客的负面影响：黑客的危害与归宿………… 144

一、黑客的初级危害 …………………………………… 145

二、黑客的中级危害 ·· 147

三、黑客的重大恶意危害 ·· 153

四、黑客的归宿 ·· 157

> ## 第六章 黑客文化与青少年网络安全素养 <

第一节 青少年如何正确认识黑客现象 ························ 163

一、黑客文化对青少年的积极影响 ······························ 164

二、黑客文化对青少年的消极影响 ······························ 165

三、如何客观理性地认识黑客 ······································ 167

第二节 青少年面临的网络安全问题及原因 ·················· 169

一、青少年面临的网络安全问题 ·································· 170

二、青少年网络安全问题产生的原因 ·························· 173

三、案例分析 ·· 175

第三节 快乐安全地使用互联网 ································· 180

一、加强青少年的网络安全教育刻不容缓 ················· 180

二、如何培育青少年的网络安全素养 ························ 182

学习活动设计 ·· 190

参考文献 ··· 191

后 记 ·· 193

第一章

网络时代的黑客

主题导航

① 谁是黑客

② 黑客从哪里来

　　"一身黑色的紧身衣、黑色的鞋子、黑色的面罩,以敏捷的身手穿梭于网络世界的光明和黑暗地带。眼神冷峻,低头不语,手指灵活地在键盘上上下飞舞,几行代码便可以将目标攻击得千疮百孔,随后便神秘地消失在黑暗之中。"

　　这往往是小说或电影中对黑客形象的刻画,但现实生活中的黑客真的是这样的吗? 你见过真正的黑客吗? 你有多了解他们呢?

　　现在,让我们来一同了解现实生活中黑客的真正面目吧。

第一节 谁是黑客

💡 你知道吗？

贝多芬说，即使是最神圣的友谊里也可能潜藏着秘密，但是你不可以因为你不能猜测出朋友的秘密而误解他。

这句名言让我们知道，生活中很多事情并不是我们想象的那样，我们所知道的内容并不是事情的全部。

刚上小学的丽丽一直都以为，每当傍晚的时候，都会有一群淘气的精灵拿着巨大的油漆桶和刷子把天空涂成黑色，高兴的时候还会在天空上画一些星星。直到有一天，在自然课上，老师告诉她天空之所以会变颜色是因为缺少了光照。地球自己不会发光，但是地球围绕的太阳会发光，不停转动的地球总有一面向着太阳，一面背着太阳。当我们转到背着太阳的一面时，天空就变黑了。

一、黑客的身世

"黑客"是一个外来词，由英文单词"hacker"音译而来，

"hacker"一词来源于"hack"。

在《牛津高阶英汉双解词典》中,"hacker"一词的解释为,在未经允许的情况下,秘密窥视或改变他人计算机系统信息的人。

在日本《新黑客词典》中,"黑客"的定义是:喜欢探索软件程序奥秘,并从中增长其个人才干的人。他们不像绝大多数电脑使用者那样,只规规矩矩地了解别人指定了解的狭小部分知识。[1]

国内比较通用的"黑客"定义是:一般是指专门研究、发现计算机和网络漏洞的计算机爱好者。[2]他们会随着计算机和网络技术的发展不断提高自己的技术水平。

那为什么一些人会把"黑客"与"破坏者"甚至"坏人"联系在一起呢?这是因为随着网络技术的普及,一些人禁不住利益的诱惑,利用计算机技术去从事破坏性的行为,这部分人常常被媒体曝光并被称为"黑客"。但事实上,这部

资料链接

美国作家史蒂文·列维(Steven Levy)曾经是《新闻周刊》(Newsweek)的首席科技作者和高级编辑,并著有《黑客:计算机革命的英雄》一书。在书中,他将黑客描述为一群头脑聪明、有创新精神、喜欢恶作剧,同时对计算机网络兴趣浓厚,并且拥有高超计算机技术的人。

[1] 姚奇富.网络安全技术[M].北京:中国水利水电出版社,2015:14.
[2] 中一.网络知识一本通[M].北京:企业管理出版社,2013:106.

分人并不是真正意义上的"黑客",更准确的称呼应该是"骇客"
（cracker）。

黑客虽然有威胁计算机和网络安全的能力,但是并不意味着
他们就·定会去破坏,他们也有着自己的行为准则和道德规范。
不过,对于保障网络安全,促进网络有序发展来说,我们并不认同
黑客的行为。

我国政府反对任何形式的黑客活动,不论是网上窃密,还是
对政府网络发起黑客攻击,都应该根据相关法律和国际公约予以
坚决打击。

二、黑客的家庭成员

世界上有很多著名的黑客,也有黑客组织,就像学校的社团
一样,有管理者,有执行者,还有一部分参与者。

（一）黑客组织

【MIT CSAIL】

MIT CSAIL（MIT's Computer Science & Artificial Intelligence
Laboratory,麻省理工学院计算机科学与人工智能实验室）是麻省
理工学院最大的研究实验室,也是世界上最重要的信息技术研究
中心之一。这是一座由原来的计算机科学实验室和新建的人工智
能实验室合并而成的技术城堡。

其中的计算机科学实验室成立于20世纪中期,由马文·明斯

基（Marvin Lee Minsky，1927—2016）和约翰·麦卡锡（John McCarthy，1927—2011）创建，是黑客及黑客文化的发源地。这里走出了世界上第一代黑客，他们为计算机科学的进步做出了巨大的贡献。他们开发了计算机系统 Multics，这一系统在很大程度上影响了 Unix 操作系统的发展，也是今天许多软件系统的基础稿。

CSAIL 研究的重点是开发未来信息技术的架构和基础设施，以及创造能够让我们的生活和工作更加便利的新工具。该实验室成员在计算机科学的各个方面进行研究，包括人工智能、计算理论、计算机系统、机器学习、计算机图形学等以及探索革命性的计算方法等。

在这个技术城堡里，有超过 100 名高级研究人员和教员，超过 40 名博士后研究员、350 名研究生和 50 名本科生。

【混沌电脑俱乐部】

混沌电脑俱乐部（Chaos Computer Club，简称 CCC）是欧洲最大的黑客组织之一，在世界上享有广泛的知名度。20 世纪 80 年代初，程序员瓦乌·荷兰德（Wau Holland）在德国成立了混沌电脑俱乐部。他坚决不同意以黑客行为牟取私利，并约束组织内的成员不可以违反法律。荷兰德去世的时候，他的遗产都不够办一场体面的葬礼。[1]

1984 年，荷兰德和他的朋友们发现了德国邮电部的某一个系

[1] 韦慧. 好黑客：瓦乌·荷兰德 [J]. 信息化建设，2004（Z1）：62-63.

统存在安全隐患,但邮电部并没有在意。为了警告邮电部,他们利用这个漏洞使汉堡的一家银行损失了 13.4 万马克。不过在这之后,荷兰德和朋友们又把钱归还给了银行。这一事件使荷兰德和他的混沌电脑俱乐部被大家所知,很多人加入这一组织。

在此后的十几年中,混沌电脑俱乐部一直坚持正义的黑客行为,重视计算机安全,为企业和政府检测安全漏洞并帮助修复。他们提倡信息自由,认为人人都有获取信息的权利。同时,荷兰德还为青少年和计算机爱好者讲授计算机知识,赢得了社会的尊重。

【匿名者】

匿名者(Anonymous)是一个松散的黑客团体,只要你愿意,你就可以说自己代表这个组织或是他们中的一员。近年来,该组织在国际上有较大的影响,在一些重大的网络攻击事件中都可以看到该组织成员的身影。[1]

匿名者组织发源于 2003 年的网络信息论坛 4chan。这个组织没有特定的领导人,也没有特定的攻击目标,所有的攻击目标都是通过一个投票系统票选出来的。这些受攻击的目标往往是被匿名者认为有悖于言论自由、政府透明或存在垄断、独裁的行为。不过匿名者的这些攻击行为常常违反相关的法律规定,并给攻击目标带来巨大的经济损失。同时,这些匿名者会在攻击过程中不断吸引其他黑客加入,给网络安全带来巨大的威胁。

---

[1] 鲍旭华,洪海,曹志华. 破坏之王:DDoS 攻击与防范深度剖析 [M]. 北京:机械工业出版社,2014:53.

2011 年,索尼公司因为支持反盗版的法律并对盗版人进行起诉,而遭受到匿名者的报复。匿名者给索尼公司带来了巨大的经济损失。2012 年,匿名者还攻击了美国中情局网站,使该网站好几个小时都无法正常工作。此外,匿名者组织还曾攻击过中国政府的网站,窃取大量数据,威胁中国政府和网民的网络安全。

【死牛崇拜】

死牛崇拜(Cult of the Dead Cow,简称 CDC)是美国的一个早期的黑客组织。该组织在 1984 年 6 月成立于美国得克萨斯州卢博克市的一家屠宰农场。这个组织在自己的网站上运营一个名为"死牛崇拜"的博客,分享成员们独特的思想和见解。

与其他黑客组织不太相同,死牛崇拜非常注重利用媒体宣传自己,他们为了更深入地传播自己的目标——"通过媒体饱和统治全球",经常接受主流报纸、杂志、在线新闻网站和国际电视新闻节目的采访。

1998 年,死牛崇拜创造

资料链接

《黑客帝国》是一个由三部电影组成的系列电影,由美国华纳兄弟公司出品。这部电影讲述了一个虚拟的计算机世界和真实的人类世界的故事。

主角尼奥是一名技术高超的网络黑客,他发现自己所在的世界是一个虚拟的计算机世界,而这个世界正在和人类进行斗争。在影片的最后,尼奥消灭病毒史密斯,人类世界迎来了新的和平。

的 OB 程序让他们被世界熟知。OB 程序是一个计算机程序的远
程系统管理工具，它可以远程控制运行 Microsoft Windows 95 和
Microsoft Windows 98 操作系统的计算机。2000 年，随着微软系
统的升级，该黑客组织又推出了 OB2K 程序，这一程序可以控制
Windows NT、Windows XP 和 Windows 2000 操作系统，获取用户信
息，给计算机使用带来严重的威胁。除此以外，死牛崇拜组织还
曾经和一个名为"香港金发女"的组织合作破坏中国国内的计算
机网络系统。

【绿色兵团】

绿色兵团是中国第一个黑客组织，1997 年由龚蔚（Goodwell）
创建，为中国的第一代黑客提供了相互交流、相互学习的平台，也
是一个"与利益无关，与政治无关"的非营利性组织。

龚蔚领导下的绿色兵团尊重社会道德，遵守法律法规，正如
"绿色兵团"的名字一样，其组织目标来源于龚蔚美好的梦想，
"以兵团一般的纪律和规则，打造绿色和平的网络世界"。龚蔚认
为，黑客是一群研究者，只不过他们的研究对象是计算机及其潜
在的安全问题。研究的目的是保证计算机网络的运行安全。他
反对黑客将计算机作为个人不法获利的工具，更反对黑客用这些
技术从事网络犯罪活动。

曾经的绿色兵团是一个高手云集的庞大组织，好几千人在那
里交流学习、并肩作战。在 1998 年印度尼西亚排华事件、1999 年
和 2001 年的两次中美网络大战中，绿色兵团都是中国黑客网络

攻击的领导者,是中国第一代黑客的核心领导团体,对中国后来的黑客发展产生了深远的影响。2001年后,绿色兵团更改了原来的域名,现在的网站是一个较为松散的交流学习平台。

【中国红客联盟】

中国红客联盟(Honker Union of China,简称H.U.C)成立于2000年12月,由黑客林勇(Lion)创办。

中国红客联盟的创办肇始于1999年的"五八事件"。1999年,科索沃战争爆发,同年5月8日上午5时左右,北约的美国B-2轰炸机击中了位于塞尔维亚的中国驻南斯拉夫联盟大使馆,当场造成邵云环、许杏虎和朱颖三位记者死亡,数十人受伤,大使馆受损严重。中国方面向美国提出了强烈的抗议,认为这是对中国反战立场的报复,但北约则解释这是一场误伤。中国人民发出强烈的抗议,中国的爱国黑客们开始大力攻击美国网站,在美国网站上插上中国的国旗,美国黑客也以同样的手段反击,中美网络大战就此爆发。网络大战结束后,林勇在这一基础上成立了中国红客联盟组织。

中国红客联盟是一个具有爱国热情的黑客组织。该组织承诺:"不会对国内站点实施攻击,任何红客联盟成员或其他个人不得以红客联盟组织名义或者以红客联盟成员名义对国内站点和网络实施攻击。"同时,红客联盟组织也注重对其成员的约束,不允许组织内成员利用自身的技术危害网络安全,也不允许他们违反国家法律或以组织的名义去牟取私利。

2004 年底,林勇宣布正式关闭中国红客联盟的网站并将该组织解散。

【Keen Team】

Keen Team 隶属于碁震(上海)云计算科技有限公司安全研究院,该团队的联合创始人、首席运营官吕一平是中国顶尖的"白帽黑客"。

Keen Team 是一支信息安全研究队伍,这一队伍的核心成员都是中国"白帽"安全专家,他们是高考状元或来自数学领域和微软的安全技术团队,在信息安全理论和技术研究方面居全球领先水平。

自 2008 年起,这个团队连续三年获得了 ZDI(Zero Day Initi-ative)年度全球安全漏洞挖掘贡献白金奖,这是 ZDI 历史上唯一的一个三连冠。2008 年,该团队还获得了 Pwnie Awards 的"最佳安全研究专家"提名,在这个黑客界的"奥斯卡"上取得了历史性的突破。

2010 年 7 月,福布斯杂志对该团队进行了报道,称该团队成员一年中报告的安全漏洞数量是全球最多的。而且,对于苹果公司的漏洞查找,他们比苹果公司更加厉害。2013 年 11 月,他们在不到 30 秒的时间里攻破苹果系统 iOS 7.0.3 Safari 获得了全球顶级黑客大赛 Mobile Pwn20wn 2013 的冠军。[1]

---

[1] Keen Team 官方网站 : http://k33nteam.org

（二）黑客的构成

1. 计算机从业人员

计算机从业人员是指在计算机领域中工作,并取得相应的报酬或经营收入的人。一般来说,这些人具有较高水平的计算机专业知识,利用自己的专业技能和知识合法地工作,贡献智慧、创造财富,在操作中遵守公司的规定和章程,遵守国家的法律规定。

计算机从业人员和其他行业从业人员一样,都是普通的劳动者,区别之处仅仅是专业技能的不同。他们或从事软件工作,或从事硬件工作;既可能做网络与通信工作,也可能做算法理论等方面的工作。

他们需要系统地掌握很多复杂的知识与技能,比如计算机组成原理、J2EE 架构设计、网络程序设计、C++ 程序设计、Oracle 数据库应用、Windows 原理与应用等。同时他们要具备良

资料链接

2014 年,国际数据公司（International Dota Corporantion,简称 IDC）发布报告称:2014 年全球的软件开发者数量达到 1850 万,其中 1100 万是专业的软件开发人员,另外 750 万是开发爱好者,占总数的 40.5%。

IDC 也分析了程序员在全球的分布。美国程序员占 19%,其次是中国,占 10%,离岸外包大国印度占 9.8%。报告还显示,技术发展越迅速的国家,编程爱好者越多。而开放的 Web 标准和开源软件几乎可让编程爱好者的开发成本降到 0。

网络时代,破墙而入的黑客

好的道德品质,较高的团队合作能力和沟通能力,能够应用专业知识解决实际问题,并拥有创造性的思维,能够不断学习和开发新的技术。

2.计算机爱好者

计算机爱好者一般是指对计算机和网络系统感兴趣的人,他们既有可能是计算机从业人员,也有可能是热爱计算机但并不以此为工作的发烧友。

这一群体最大的特点是,他们的计算机技术水平参差不齐,一部分人可能具有较高的计算机技术,并沉迷于研究计算机技术;一部分人可能只是简单地了解并掌握初级的计算机知识;还有一部分人的计算机水平则介于两者之间。

这些人的道德水平也不尽相同。有些人会严格遵守相关的法律法规,在法律允许的范围内进行计算机操作,或出于正义的目的发现计算机网络中的漏洞,并反馈给相关单位进行修复,或致力于计算机技术的研究,为计算机网络发展做出贡献。还有一部分人则信奉绝对的自由,无视相关法律法规,完全按照自己的想法肆意地攻击他人的电脑。更有甚者完全出于恶意目的,或为牟取私利,使用木马、病毒等手段攻击他人计算机以窃取信息。后两类的行为是我们要坚决摒弃和抵制的。

3.计算机炫耀者

计算机炫耀者通常是指那些出于虚荣的心理去粗浅地学习计算机技术并急于向他人炫耀,以便赢得他人称赞或提高在同伴中地位的人。

通常情况下,这类人群年龄较小,尚未建立成熟的世界观、人生观和价值观。他们认为计算机网络世界是一个神秘且新奇的世界,具有一定的探索欲望。但是,由于他们的计算机技术水平普遍较低,一般只是通过下载别人制作好的程序或脚本来进行攻击,其目的就是造成破坏,以在同龄人中自我炫耀。

他们对认真、系统地学习计算机知识存在抵触情绪,不愿意深入了解程序或脚本的开发、编写原理及过程,也不愿意了解这些工具运行的原理和攻击的过程,他们在乎的只是工具攻击的威力和破坏的结果。

第二节　黑客从哪里来

💡 你知道吗？

　　就像小树发芽一样，每个新事物的产生，都要有相应的土壤。黑客不是凭空蹦出来的，他们的出现也和时代背景密切相关。

　　世界著名的黑客凯文·米特尼克（Kevin Mitnick），出生于 1963 年，十几岁的时候就开始入侵计算机系统，是一个让老师们非常头疼的调皮鬼。凯文甚至还因为利用计算机犯罪而被关进监狱。现在的他已经 50 多岁了，是一名网络安全咨询师，投身于计算机安全咨询和写作中。

　　从 20 世纪 70 年代至今，凯文·米特尼克经历了互联网技术的持续发展和黑客群体的不断变迁。如今的我们虽然不能像凯文一样去经历这一切，但我们可以借助书籍去了解那段历史故事。

　　在上一节的介绍中，我们基本了解了黑客的概念和成员组成，对黑客有了一个初步的认识。那么，这些黑客是什么时候出现的呢？为什么会出现呢？他们是如何演变的？社会中的大多数事物都会受到社会环境的影响，黑客是否也会受到影响呢？让我们一起在这一节中寻找答案吧。

一、黑客的起源

"hack"一词原本的含义是"砍、劈"，"hacking"还有消遣的含义。在《黑客：计算机革命的英雄》一书中，作者史蒂文·列维认为麻省理工学院的学生们最早将"hack"这个词引入计算机领域，他们用"hack"指那些正在进行之中的可以为参与者带来很大乐趣的项目。参与这个项目对他们而言不仅意味着完成一项重要的工作，还意味着一次创新的尝试、一次技术的挑战、一次自我认同的实现。从事这个项目的成员头脑聪明，甚至还有些调皮捣蛋，但是他们注意力集中，具有很高的知识水平，痴迷于对计算机技术的探索，对计算机和计算机技术怀有崇高的敬意。在他们看来，具有高超计算机技术的人是值得尊敬的，那些拥有高超技术、工作效率高的人才能被称为"hacker"。

除了"砍、劈"之外，"hack"还有"非法入侵"的意思，也就是对某个设备或程序进行修改，使其完成原来不可用的功能（或者禁止外部使用者接触到的功能）。[1]从这个角度来说，"hack"一词

---

[1] 方兴东. 黑客微百科：洞察网络时代的未来 [M]. 北京：东方出版社，2015：2.

很容易让人联想到攻击他人计算机、窃取他人隐私、用计算机进行犯罪等行为,这也就可以解释为什么后来大多数人将"黑客"视为计算机入侵者。

可以看出,20世纪50年代的黑客们是计算机领域的初步探索者。他们中的大多数都受过良好的教育,代表着知识领域的精英阶层,除了拥有过人的天赋和才智,他们勤奋刻苦、专注努力,孜孜不倦地在计算机领域耕耘。

20世纪60年代,黑客在因特网(Internet)的出现和发展中起到了关键性的作用,甚至有人将黑客视为因特网之父。因特网,也就是我们现在所说的互联网,始于1969年的美国,它的前身是 ARPAnet —— 美国国防部高级研究计划管理局军用网络[1]。

资料链接

ARPAnet 实验室在成立之初招募了一群计算机程序设计专家和计算机技术高手,这些第一代的黑客们组成了网络开发团队。或许他们自己也不曾想到,他们所建立的 Internet 将会改变整个人类的生活方式。在这之后,他们创造出了 UNIX 操作系统。UNIX 的开发为计算机操作系统的发展打下了坚实的基础,加快了人类掌握计算机的进程。

---

[1] 毛惠辉.黑客渊源及演变 [J]. 现代计算机. 1999(6):72-75.

20世纪六七十年代,黑客仍然是一个褒义词,代表着计算机领域的精英阶层。这一时期的黑客奉公守法、独立思考、技术高超,对计算机领域有极大的热情,他们关注的焦点在于计算机技术本身,希望通过不断解决技术上的问题来推动计算机科学的发展。

更重要的是,他们衷心热爱着自己所从事的工作,他们所做的这一切并不是为了谋求个人利益,和商业利益、政治利益也无关,他们追求技术上的进步,纯粹只是为了让计算机系统运行得更加稳定、安全和可靠。对他们而言,计算机技术就是他们娱乐的方式,他们从中得到乐趣,并沉迷于此。可以说,他们内心深处的热爱和探索欲就像是一个能量包,为计算机技术的进步提供源源不断的动力。

20世纪70年代,黑客掀起了一场个人计算机革命,他们通过自创报纸《人民的伙伴计算机》发出宣言:"计算机基本上是被用来反对人民而不是去帮助人民,它被用来控制人民而不是去解放人民。改变这一切的时机已经来临……"[1]黑客认为每个人都有权利自由地使用计算机,因此他们设计并实现了个人计算机的开发,他们因之被称为"计算机英雄"。

IBM(International Business Machines Corporation,国际商业机器公司)由托马斯·沃森(Thomas Watson)创建于1911年,是一个鼻祖级的计算机公司,总部在美国纽约州阿蒙克市。早在20世

---

[1] 胡泳,范海燕.黑客:电脑时代的牛仔[M].北京:中国人民大学出版社,1997:95.

纪60年代,IBM就已经成为世界最大的电脑公司。IBM在推动计算机事业迅速发展的同时,也对计算机进行了大规模的垄断。IBM所开发的计算机都是价格极其昂贵、占地面积巨大的大型计算机,使计算机仅被掌握在少数人的手中,而一般的民众几乎没有机会接触计算机,更不要说使用了。同时,一些计算机专家和学者们也试图保持计算机的神秘感,让计算机技术成为只被少数人掌握的神秘技术,切断了普通大众了解计算机技术的通道。

为了让更多的人使用计算机这个先进的产品,一些黑客开始尝试开发个人计算机,其中的代表人物就是被称为"个人计算机之父"的爱德华·罗伯茨(Edward Roberts),他也是第一个雇佣比尔·盖茨(Bill Gates)和保罗·艾伦(Paul Allen)的雇主。

爱德华·罗伯茨

这一时期的黑客更多地代表了计算机领域中的从业者或佼佼者。如果说和其他领域有什么不同的话,就是这一领域的工作内容更前沿,从事的人员更少。

当然,黑客为大众所带来的个人计算机,大大推动了计算机技术的普及和人类科技的进步。

20世纪80年代,黑客群体开始发生分化,黑客也从带有褒义的正面形象变成正面、负面形象兼有的群体。这主要是因为,随着计算机网络的不断发展和个人计算机的开发,越来越多的人可以接触并熟练使用计算机。黑客的队伍也迅速扩大,其成员的构成开始变得鱼龙混杂,成员的动机也变得复杂多样。

20世纪80年代,黑客的代表是软件开发设计师,他们基于计算机的硬件和操作系统设计出能够满足使用者需求的应用软件,为用户的使用和操作提供便利。越来越多的计算机进入日常的工作中,计算机在这一过程中收集了大量的有用数据,而这些数据信息却往往被少数人掌握。崇尚自由文化的黑客认为信息应该是被共享的,因此他们开始采用不同的方法来获取更多的信息。[1]

一方面,仍然有一部分人继承了早期黑客的优秀品质,在专注于计算机技术的创新和开发时,能够遵守法律和道德的底线,遵循黑客伦理和准则。另一方面,也有一些黑客开始违背职业道德,甚至触犯法律,他们采用各种非法的手段挑战技术制约,试图非法入侵他人的计算机,通过破译口令、系统漏洞或拦截网络会话等来攻击网络。他们中的一些人甚至利用技术窥探他人隐私,

---

[1] 赵泽茂,吕秋云,朱芳.信息安全技术[M].西安:西安电子科技大学出版社,2009:8.

窃取商业机密,甚至攻击国家保密的数据库,以此来满足个人欲望或牟取私利。这些不当的行为给被攻击者带来了很大的困扰和损失,甚至威胁到国家的安全。

20世纪90年代,黑客群体继续分化。黑客群体变得越来越复杂,定位也越来越模糊。随着媒体对黑客入侵事件和犯罪行为的曝光,人们对黑客的评价越来越趋于负面。

这个时代的计算机知识已经得到了大面积的普及,互联网技术也有了很大的进步,黑客也有机会、有条件入侵各种类型的操作系统,如UNIX和Windows NT等。他们利用网络上的漏洞或缺陷改动原来的网页,非法入侵他人计算机,窃取用户信息,肆意破坏他人的网络系统等。[1]同时,还出现了多种类型的、威力巨大的黑客工具,这类工具降低了攻击计算机的技术要求,使得更多的人能够实施入侵行为。比如有一款名为"美国在线地狱"(AOHell)的免费软件就成为初级黑客常

资料链接

凯蒂·哈夫纳和约翰·马尔科夫在《电脑朋克》一书中指出:"到了20世纪80年代,新的一代盗用了'黑客'的名称,在新闻界的推波助澜下,黑客成了口令大盗和电子窃贼的代名词。公众对黑客的印象也由此改变,他们不再被视为无害的探索者,而是阴险恶毒的侵略者。"

[1] 马伟强,赵立华.网络技术应用[M].北京:化学工业出版社,2007:182.

用的攻击工具,他们利用该软件对"美国在线"(AOL)进行报复
性的大肆破坏:发送大量垃圾邮件阻塞 AOL 的用户邮箱,或攻破
微软的 Windows NT 操作系统,甚至传播蠕虫病毒,造成有史以来
最严重的黑客破坏事件。[1]

此外,在 20 世纪 90 年代以前,黑客受限于经济条件和科学
技术等客观的因素,大都主要出现在西方国家,中国的第一代黑
客出现在 20 世纪 90 年代的中后期。

我们可以将中国的黑客发展大致划分为以下四个阶段:

第一阶段是 20 世纪 90 年代初期。这一时期中国民众刚刚
开始知道计算机和互联网。人们对其充满了新鲜感和兴奋感,那
时的黑客并没有掌握足够高超的计算机技术,他们更多的是利用
拷贝技术将外国已有的东西拷贝到电脑里。

第二阶段是 1994 年至 1996 年。这一阶段开始有更多的人
接触计算机和网络,不过当时中国的网络速度非常之慢,人们接
触的网络类型更多的是用电话连接的 BBS。1995 年之后,中国的
互联网开始发展起来,越来越多的民众有机会接触到因特网,也
开始出现中国的第一代网管。[2] 中国的黑客们正在逐渐打开计算
机世界的大门。1996 年年底,中国电信开始实施上网优惠政策,

[1]　参见赵满旭,王建新,李国奇.网络基础与信息安全技术研究 [M]. 北
京:中国水利水电出版社,2014:244.
[2]　参见杨云江.计算机与网络安全实用技术 [M]. 北京:清华大学出版社,
2007:299.

让更多人有机会接触网络。

第三阶段是 1997 年至 2000 年。这一阶段可以说是中国黑客历史上最为重要的阶段,也是有突破性发展的阶段。在这一阶段,中国的网民开始真正接触"黑客"这一词语,并且崇拜这一群体。中国的黑客开始向西方国家学习,并且真正踏上探索计算机和互联网技术的道路。1998 年,中国诞生了自己的特洛伊木马病毒 —— NetSpy,但是更令中国黑客振奋的是木马"冰河"的出现。这一软件由中国的安全程序员编写,其研发的目的并非作为网络病毒使用,但是黑客将其改版以攻击其他用户并大肆传播。[1] 2000 年,红客作为中国黑客中的一个重要分支诞生了,成为黑客中的爱国联盟,他们通过攻击美国网站来抗议美国对中国驻南斯拉夫大使馆的轰炸。

第四阶段为 2000 年至今。这一阶段是中国黑客发展迅猛的时期。这一阶段的中国互联网迅速普及,计算机已经成为一种极为普遍的家用工具,人们用它来工作、学习、娱乐和获取信息。同时,使用计算机的群体年龄开始降低,越来越多的小学生、中学生能够熟练操作电脑。随着黑客工具的进一步开发,计算机攻击变得更加简单,越来越多的人进入黑客这一领域,黑客群体开始趋于年轻化,其人员构成也越来越复杂。

---

[1] 参见杨云江. 计算机与网络安全实用技术 [M]. 北京:清华大学出版社,2007:300.

二、黑客产生的原因

黑客产生的原因大体可以从经济、科技、社会和文化等方面去探寻。

（一）经济发展

20世纪40年代，美国在第二次世界大战中积累了大量的财富，普通民众、工业家和资本家都有强烈的消费欲望和投资需求，雄厚的经济实力和较高的工业技术水平为计算机的发明提供了有力的支撑。

20世纪40年代末和50年代的美国经历了几次经济危机，但是经济危机的出现并没有给计算机发展带来重创，计算机仍然稳健发展。

20世纪60年代的美国进入经济高速发展时期，由此迎来了计算机发展和黑客增长的一个高峰。此时的美国，一方面工业、农业、交通运输业和对外贸易等经济指标稳居世界第一位，经济增长达到了前所未有的高度，科学技术也搭上了这趟高速列车，机械化、自动化水平不断提高。在制造业中，化学工业、电子工业、仪器仪表工业、航空和宇航工业、汽车工业发展最快，与之相关的计算机业和网络信息业也趁势发展。

另一方面，美国的生产和资本高度集中，大财团和垄断企业出现，这使得美国的大量资本集中在少数企业手中。这些实力雄厚的企业掌握着更多的经济资源、技术资源和人才资源，而计算机的研发和运营正需要大量的资金、技术和人才。

作为电子信息产业的巨头,IBM 掌控了巨大的市场,源源不断的收入为其科学技术的投入提供了资本,这也使得 IBM 生产并销售了大量的计算机,推动了计算机的普及,同时也吸引了更多的人进入计算机领域,成为拥有较高技术水平的黑客。

此外,经济的发展让人民拥有了更多的收入,越来越多的人有能力支付一台个人计算机的费用,个人计算机的使用者也增多。同时,物质条件的满足让人们开始寻求更加新鲜、更加刺激的事物,对信息的渴求也渐渐增加。计算机和网络的发展正好满足了这一需求,黑客也开始逐渐增多了。

(二)科技进步

1946 年,世界上第一台电子计算机诞生了,它还有自己的名字,叫作"埃尼阿克"(Eniac),这个由很多电子管组成的大家伙也被称为"电子管计算机"。它占地面积达 170 平方米,比两个羽毛球场还要大,总重量 30 吨,相当于 5 头成年大象的体重。虽然笨重,但这个"庞然大物"的出现标志着计算机时代的到来,打开了新世界的大门,这也为第一代黑客的出现提供了土壤。

埃尼阿克诞生之后,承担开发任务的莫克利和埃克特成立了世界上第一家制造计算机的公司,这被视为计算机产业的开端。1951 年,第一批商业计算机开始出售,商业计算机的出现意味着普通民众也具有了购买计算机的可能性,作为世界计算机巨头的 IBM 自然不会错过如此好的市场机遇。1954 年,世界计算机巨头

IBM 推出了型号为"650"的中型计算机,其高品质、高标准的产品性能受到市场欢迎,销量达到一千台,使更多的人接触到了计算机这个新奇的东西。

我们知道,现代计算机的运行有着自己的语言。1954 年,IBM 的工程师约翰·巴克斯(John Backus)和他的工作小组开发出了世界上第一个电脑高级语言——FORTRAN 语言。[1] 计算机语言的开发运用使得研究计算机的人具备了一项特殊的技能,这项技能也成为日后黑客攻击其他计算机的重要工具,复杂难懂的计算机语言也给黑客披上了一层神秘的面纱。

虽然 20 世纪 50 年代就出现了计算机连接技术,但是与我们今天相似的网络连接技术的出现恐怕要从 60 年代末开始算起。在这期间出现了阿帕网、TSS 网、DCS 网等多种类型的网络。其中最著名的就是阿帕网,它使得不同地方、不同区域的计算机可以通过一个无形的网络连接起来,扫除了空间上的沟通障碍。同时,基于阿帕网的电子邮件也开始出现,为人们的沟通提供了新的渠道。20 世纪 70 年代,微型计算机的出现令计算机用户和黑客的数量大大增加,电子邮件也成为黑客攻击的新渠道。

---

[1] 孙燕群,刘伟.计算机史话 [M].青岛:中国海洋大学出版社,2003:44.

（三）社会文明

美国是世界上人种最多的国家之一,其社会结构相对复杂。同时,美国的社会思想主要发源于欧洲,而这些思想传入美国之后进行了本土化的改造。

大量的移民为美国带来了来自世界各地的人才,尤其是欧洲国家的移民,为美国带来了当时较为先进的生产技术和思想观念。

复杂的人口构成、背井离乡的人口群体,使得美国人民具有勇于开拓、热爱探险、积极创业的精神。在激烈的竞争环境下,这些没有社会福利的移民必须靠着自己的双手打拼出生存的条件,这也带动了整个美国的进取意识,这种意识为美国的科技发展和人才培养提供了良好的社会土壤。

除了先天的优势外,美国尤其重视教育。不仅重视对学生的知识培养,而且其自由、独立的教育理念也成为美国教育的一大特色。这极大地鼓励了学生提高创造能力和研究能力,世界上第一代醉心于计算机科学的黑客就诞生在美国的麻省理工学院。

（四）文化发展

20 世纪 60 年代的美国是

资料链接

云计算(cloud computing)是近年来的互联网热词。云计算,是一种基于互联网的计算方式,这种方式可以让人们无须掌握计算机技术就能按需获取共享的软件、硬件资源和信息。这里的"云"指网络。

一个激荡的时代,具有强烈自我意识和反叛精神的嬉皮士文化成为文化激荡的代表现象。从某种角度上说,黑客也是受此影响而出现。

这群嬉皮士从小就在主张个性、追求自我价值的土壤中长大,难以适应平庸守旧的现实社会。他们在发展的社会中找不到属于自己的领地。个性鲜明、放荡不羁的反叛之路仿佛成了他们的一剂精神良药。

嬉皮士们追求独立、解放天性、打破传统、拒绝循规蹈矩等思想观念深深影响了计算机领域的年轻人,这些年轻人当中甚至本来就有嬉皮士文化的崇拜者。这些黑客们想象力丰富,敢于挑战权威,以解决计算机问题,攻击计算机和网络系统的屏障为乐趣,注重宣扬个人主义精神,对一切不符合常规的事物感到兴奋。

与此同时,嬉皮士文化带来的负面影响也在黑客身上体现。享乐主义的盛行让青年人开始在社会中迷失自我,他们逃避现实,沉浸在自己的世界,与现实社会脱节。另外,对自由的极端追求破坏了原有的规则和法律,一些黑客的不法攻击给社会带来了巨大的损失。

💬 讨论问题 ···

　　周末,小强和爸爸去计算机科技博物馆参观,他们看到了各种形状的计算机零件,了解了计算机发展的历史,还一起体验了多种有趣的游戏,完成了一次奇妙的计算机穿越之旅。

　　参观结束后,爸爸和小强聊起了今天的旅程:

　　1. 现在我们可以用来上网的工具有哪些呢?

　　2. 计算机技术给我们的生活带来了哪些便利?

　　3. 如果你可以穿越到 20 世纪 70 年代,你想做什么与计算机有关的事情?

···

第二章

黑客的语言、分类与特征

主题导航

❶ 黑客的语言

❷ 黑客的分类

❸ 黑客的特征

　　黑客是一个技术当先、个性鲜明的群体,有独特的交流语言,这些专业术语可以帮助他们快速、清晰地了解对方的想法和出现的状况。黑客群体数量庞大、人员构成复杂,按照不同的标准可以划分为不同的类别,但他们也具有共性。

　　就让我们在这一章了解:黑客的语言有什么? 他们是如何分类的? 不同的黑客又有哪些相似之处?

第一节　黑客的语言

💡 你知道吗？

　　"汪汪汪"是小狗的语言，"喵喵喵"是小猫的语言，"喳喳喳"是小鸟的语言。"平均数""矩阵""方差"是数学世界的语言，"对偶""比喻""平仄"是文学世界的语言，"免疫""细菌""淋巴"是医学世界的语言。类似地，黑客世界的人们为了准确地表达也会使用他们特有的语言。

　　了解这些语言就像是拿到了一把打开黑客世界大门的钥匙，能引领我们迈向一个新的领域。

【踩点】

　　踩点是黑客进行网络攻击的第一步，目的是搜集更多的目标信息，为攻击做准备。首先要确定一个感兴趣的目标，然后围绕这个目标研究它的内部和外部信息，比如域名、地址、有关系统的细节信息、组网协议、远程系统、访问控制的类型等。这是一个搜集信息、梳理信息、刻画分析信息的过程。

　　这一过程往往枯燥乏味，工作量巨大，但却是黑客攻击中的关键一步。同时,这也是维护网络安全、防范攻击的重要方面。

【端口扫描】

端口扫描是一种扫描程序,它可以通过扫描器对本地计算机或远程计算机的端口进行扫描,从而检测目标计算机上是否存在安全问题。端口扫描就像一个可以穿越时空的望远镜,可以看见千里之外的 TCP/IP 信息,不过扫描本身并不会给计算机造成实质性的破坏。

这种扫描速度快、不留痕迹,并且能准确地将扫描结果反馈给操作者,操作者可以根据反馈的信息来决定下一步的行动,可以说这是黑客搜集攻击情报的重要武器。

常见的端口扫描工具有 SuperScan,SSPort 等。

【嗅探器】

嗅探器是一种搜集网络数据、监视数据运行的重要工具,它可以如猎犬一样在计算机和网络系统中发现漏洞并反馈给操作者。嗅探器就像是黑客派出的猎犬,以自身敏锐的"嗅觉"隐蔽地刺探计算机上的秘密,获取网络中的重要数据,并对这些数据展开分析,为黑客开拓一个可以进行攻击的突破口。

同时,嗅探器也可以成为网络管理员手中的盾牌,及时地检测出计算机和网络中存在的问题和故障,保护计算机网络的安全,防止黑客入侵。

【后门】

计算机系统的后门是一个非常形象的比喻,通常是指一个以非正常途径进入计算机系统的通道,可以在没有口令的条件下获得访问权限。一般情况下,后门是计算机软件的开发者在研发过程中设置的,他们可不是想给黑客提供什么便利,而是为了方便自己在后台修改程序而已。

如果在软件发布之后这些后门没有关闭,就很可能被黑客利用,偷窥、窃取计算机系统中的信息,或对系统进行任意毁坏和远程操控。此外,也有一些技术高超的黑客可以通过某些操作控制目标主机,并在计算机系统中安装后门,为自己创造一条新的路径,以达到某些目的。

【防火墙】

防火墙是一个无形的保护屏障,可以减少"墙"外网络中的入侵者对"墙"内计算机的攻击。这种防护措施可以有效阻止对内部或外部的非法访问,控制"墙"两侧的数据传输。这种控制是一种双向控制,即它既能控制外部网络对内部网络的内容访问,也能控制内部网络对外部网络的访问。

防火墙是我们电脑中最基础的防范措施之一,一般会随着电脑操作系统一同安装在计算机系统内。按照防护内容的不同,防火墙可以分为网络层、应用层、数据库三类。网络层防火墙是在IP层面上进行防护,应用层防火墙是在具体某一应用程序上进行防护,数据库防火墙是通过检测数据库是否安全来确定是否放行的一种保护措施。

防火墙具有"抗攻击免疫力"

【病毒】

病毒，原是医学名词，后来被借用到计算机领域，所以更准确的说法应该是"计算机病毒"。病毒就像是侵害植物的害虫，可以悄悄地进入健康的计算机之中进行啃噬和破坏，只不过病毒的"身体"是由一串串指令或程序代码组成，更糟糕的是，这些病毒还可以进行自我复制，造成更大的危害。病毒本身并不能够传播，但是一旦将其打开或运行受其感染的程序，就会立即开始传播。

病毒具有破坏性、传染性、变异性、自我繁殖、暗中潜伏的特征。我们常用的光盘、U盘和网络都是它们进行传播的主要路径，其中网络是目前最主要的传播途径。主要的预防途径有：不浏览包括黄色网站在内的非法网站，不点击、不传播垃圾邮件，下载合适的杀毒软件并定期查杀。

知名的病毒有"熊猫烧香""敲诈者""魔鬼波病毒"等。

【木马系统】

"木马"一词可以追溯到古希腊的传说，是用于战争的一种攻击武器。木马系统可以让攻击者进行远程的操作，控制被入侵的计算机并进行一系列的攻击行为；它可以搜索计算机内部的文件、内存和密码信息，从而获取这些信息，为黑客服务；它还能够记录计算机键盘敲击的次数，获取密码、账号等相关信息。

一个整套的木马系统包括硬件、软件、连接工具三个部分。硬件是指黑客的计算机、被攻击目标的计算机和网络系统；软件是指控制程序、木马程序和相应的配置程序；连接工具就是连接攻击端和被攻击端的一系列元素。

知名的木马系统有："冰河""灰鸽子""上兴""网络神偷"等。

【流氓软件】

流氓软件，又称恶意软件，这些软件安装到计算机上时，并没有经过用户的许可或者明确地告知用户，很有可能是违背用户的意愿强行安装和运行的。虽然流氓软件不属于病毒，不会对计算机系统本身造成感染，但是仍然会给计算机用户带来很多困扰。

流氓软件之所以被用户讨厌，是因为它会通过一些捆绑或其他手段弹出广告、窃取用户信息，还会占用计算机的运行内存，降低计算机的运行速度。这些行为都干扰了用户正常使用计算机，给用户带来麻烦。

流氓软件主要有恶意共享软件、间谍软件、广告软件等。

【漏洞】

计算机漏洞就好比一把雨伞上的窟窿，这些窟窿给计算机带来了潜在的风险。这种漏洞既可能出现在硬件上，也可能出现在软件上，还可能出现在协议上。黑客将这些漏洞当作攻击计算机系统的突破口，从而获取更多的权限进行非法操作。这些攻击可能会导致我们好几个小时都无法正常使用计算机，或者让我们丢失计算机中的重要文件。

当系统的提供商发现漏洞之后，他们可以发布补丁对漏洞进行修复，但是这种修复本身也有可能带来新的漏洞。造成这些漏洞的原因主要包括：原本的设计存在缺陷，系统配置不合适，软件编写存在缺陷或漏洞,口令失窃等。

【蠕虫】

蠕虫研制之初是用来辅助计算机计算和测试的一种工具,可以不经过人为操作就自动地从一台计算机"爬"到另一台计算机,并具有自我复制功能,可以独立地运行。但正因为蠕虫的自我复制功能和超强的传播功能,黑客将蠕虫技术应用到病毒传播中,使之成为一种具有强攻击力的蠕虫病毒。

蠕虫病毒借助计算机系统的漏洞攻击目标,并以网络、电子邮件、U盘、硬盘等媒介为通道"爬"到其他电脑上。传播速度快、传播方式多的蠕虫病毒往往会给计算机和网络带来巨大的损失,造成网络堵塞、资源消耗等问题,并且为黑客的进一步攻击创造条件。

【缓冲区溢出】

缓冲区是计算机系统中存放数据的房间。这些房间有固定

资料链接

2016 年全年(截至 11 月 15 日),360 网站安全检测平台共扫描各类网站 197.9 万个,其中,存在漏洞的网站 91.7 万个,占比为 46.3%;存在高危漏洞的网站 14.0 万个(全年去重),占扫描网站总数的 7.1%。

从检测出漏洞的危险等级来看,高危漏洞数量占 26.4%,中危占 10.4%,低危占 63.2%。

(数据来源:360 互联网安全中心《2016 年中国网站安全漏洞形势分析报告》)

的大小。缓冲区溢出就是指这些数据太长了,原有的房间放不下它们,它们就会从房间的门或窗户中跑到其他的房间去。这样一来,其他房间中的数据就会被挤走,造成数据的缺失。还可以理解为河道中的水大量上涨,冲出河道,淹没了周围的土地。

通常情况下,缓冲区的溢出并不会带来严重的危害,如果溢出部分覆盖的是无用的数据,就不会造成运行问题,如果覆盖的是有用的数据,也仅仅带来程序上的错误。但是,一旦缓冲区溢出是黑客出于某种目的故意造成的,黑客就可以在目标计算机内植入病毒或木马来控制电脑。

【拒绝服务攻击】

拒绝服务攻击(denial of service,简称 DoS)是以服务器为标靶的攻击。我们可以把服务器理解为一条宽阔的马路,数据是那些在马路上正常行驶的汽车。这种攻击方式会让马路在短时间内出现大量的汽车,这些汽车不遵守交通规则,横冲直撞,使得原本顺畅的马路出现大规模的堵塞,那些遵守交通规则的汽车也就不能正常通过了。

这是一种简单粗暴的攻击模式,但是因为网络协议本身的缺陷,使得这种攻击方式难以被有效解决。由于这种攻击方式简单且容易操作,所以经常被初学者当作练习的手段。还有一些人出于炫耀技术或报复心理会利用这一手段对某一网站进行攻击。此外,也有一些不法分子利用这一技术攻击特定网站,从而为自己牟取经济利益。

【加壳】

加壳技术是一种保护计算机代码的方式,也是黑客用来升级攻击程序的一种手段。通过加壳技术,黑客可以给原有的攻击程序穿一件坚固的衣服,并改变原有攻击程序的代码。这种技术可以有效地给攻击程序穿上伪装,从而避免被杀毒软件发现。当黑客需要攻击的时候,再通过相应的技术脱掉衣服,使其变回原来的攻击代码即可。此外,加壳技术还可以压缩代码的体积,方便黑客入侵。

目前常见的加壳技术有花指令、加密压缩技术、反跟踪代码、校验代码等,随着科学技术的进步,加壳技术和反加壳技术都在不断地变化和升级。

【SQL 注入】

结构化查询语言(structured query language,简称 SQL),是程序员在设计程序和查询数据库时使用的工具。SQL 注入就

资料链接

《中华人民共和国网络安全法》第四十二条:网络运营者不得泄露、篡改、毁损其收集的个人信息;未经被收集者同意,不得向他人提供个人信息。但是,经过处理无法识别特定个人且不能复原的除外。

网络运营者应当采取技术措施和其他必要措施,确保其收集的个人信息安全,防止信息泄露、毁损、丢失。在发生或者可能发生个人信息泄露、毁损、丢失的情况时,应当立即采取补救措施,按照规定及时告知用户并向有关主管部门报告。

是编写 SQL 并将其插入到可能存在漏洞的 Web 中,根据程序反馈的结果获知需要的信息,最终达到欺骗服务器的目的。这是黑客常用的一种攻击手段,危害巨大。

【僵尸网络】

僵尸网络是指黑客利用不容易被用户发现的僵尸程序,控制多个服务器形成的网络状群体。攻击者将僵尸程序植入在网络连接的服务器上,从而让多个计算机同时受到感染,被感染的计算机就像没有自我意识的僵尸一样,只能接受他人的操控。这些进攻者被称作“僵尸牧人”,被操控的对象则被称作“僵尸主机”。

僵尸网络这种攻击武器可以帮助黑客打击计算机网络,使得计算机长时间无法正常运行,从而偷取公司、政府的机密数据或个人的私密信息。可以将僵尸主机作为储存大量资源和数据的工具,进行非法操作。还可以搭建虚假网站,通过发布广告、冒充银行系统来骗取其他网络用户的钱财。

【口令攻击】

口令是常见的一种验证方式,当前我们的 QQ 密码、邮箱密码都是口令的一种形式。口令攻击就是黑客将网络系统中的各种口令作为攻击目标,通过破解或绕行的方式获得合法账户的访问权限,进入目标系统进行操作和控制。

口令攻击的常见方法有四种,分别是社会工程学攻击、猜测攻击、字典攻击和暴力猜测。

社会工程学攻击没有太高的技术含量,它是通过日常聊天等方式欺骗用户,获得口令;猜测攻击是根据用户的生日、证件号码等信息进行组合猜测口令;字典攻击和暴力猜测类似于通过一系列字符的排列和组合来获取口令,当用户的口令字符越长,构成越复杂时,越不容易被攻击。

常见的口令攻击有盗取 QQ 密码、盗取游戏密码和盗取银行卡密码等。

【点击劫持】

点击劫持是黑客利用我们自己的眼睛来进行攻击的一种手段。他们会在一个原有的网页上制作一个透明的 iframe,这个 iframe 就像是一个铺在原网页上的塑料膜。用户会在各种指引和诱惑下点击这个透明的 iframe,当然,这些指引和操作都是不容易被察觉的。经过一系列的操作,用户最终会掉入攻击者设计的陷阱里。

我们还可以这样理解,我们在电脑上看到的界面实际上有两层,只不过其中一层隐藏起来了。这就好比在一面非常干净的透明玻璃后面放着一个苹果,当我们没有看到玻璃去拿苹果的时候,恰恰就撞到了玻璃上,而后面的苹果就是电脑界面上能看到的那个按钮。

这种点击劫持会给我们的操作带来未知的风险,对于普通用户来说又是不容易防范的。当前,一些不法网站的小游戏和手机界面就存在这样的风险。

【蓝劫】

蓝劫是黑客针对手机蓝牙功能进行攻击的一种手段。手机的蓝牙功能是一种短距离的通信技术手段,可以通过传输波段连接两个或两个以上的设备,并在各个设备之间传送信息。黑客可以通过扫描传输波段,绕开或破解连接密码,在未经邀请的情况下连接并进入目标手机,从手机中获取联系人信息、照片、邮箱账号等信息,不法分子则利用这些信息,向被侵入手机发送中奖短信、广告邮件,拨打诈骗电话,泄露手机中的照片等情况。

这是基于手机的新型攻击模式,我们可以从蓝牙的使用上来进行防范。比如,在不需要的时候关闭蓝牙功能;在使用蓝牙功能时将蓝牙设置为"隐藏模式";不接收陌生人发来的名片;更改手机的名称;等等。

第二节　黑客的分类

 你知道吗?

黑客世界既有计算机网络的破坏者,也有计算机安全的维护者。同时,黑客世界也有属于自己的技术竞赛,这些技术竞赛促进了计算机技术的发展进步。

世界黑客大赛"Master of Pwn"(世界破解大师)每年

都会邀请黑客团体前来参加,各个团体要不断地"升级打怪"获取积分,积分最高的队伍将获得总冠军。2017年,中国360安全团队通过完成对Edge、Windowsu10、VMware虚拟机的三次破解,获得了27分的积分优势,最终以63分的总成绩获得冠军。同时,第二名和第三名分别被腾讯安全Sniper团队和长亭安全实验室获得。

一、黑客、红客、蓝客与骇客

【黑客】

黑客是指对网络时空兴趣浓厚,具有探索精神,拥有高超的计算机技术和知识,并能够通过创新手段解决计算机和网络问题的人。这一称呼往往不是自封的,而是因为其高超的技术受到他人的肯定而得到的。

在计算机领域有一位不得不提的黑客,他就是丹尼斯·麦卡利斯泰尔·里奇(Dennis MacAlistair Ritchie,也称为DMR)。不过,他和你想象中的或许不太一样,因为他不但是著名的黑客,更是为计算机事业做出巨大贡献的计算机大师。

丹尼斯·里奇,1941年出生于美国纽约,是美国哈佛大学的毕业生,主修物理学和应用数学。1967年,26岁的丹尼斯·里奇进入贝尔实验室。贝尔实验室是一个著名的通信系统实验室,诞生了世界上第一台传真机、按键电话和通信卫星在内的众多发明。

丹尼斯·里奇和他的搭档肯·汤普逊（Ken Thompson）共同致力于计算机事业的研究，他们发明了 C 语言这一世界上最重要的编程语言，以及 Unix 等操作系统，并因此获得了有"计算机界的诺贝尔奖"之称的图灵奖和美国国家技术奖章。

丹尼斯·里奇

【红客】

红客一词诞生于中国，英文单词"honker"是对汉语的音译，指以维护国家利益为目的，利用网络技术手段打击或抗争他国的侵害，维护公平正义，在网络世界和技术层面保卫祖国的主权的计算机爱好者。

林勇（Lion），从 1996 年开始学习计算机专业，并在毕业后一直从事网络安全相关技术的研究工作。他是中国最著名的红客，是中国红客联盟的创始人。

2001 年 4 月，美国侦察机在中国海南附近海域上空侦查，中国派出飞机进行监视和拦截，其中一架美国飞机与中国飞机相撞，并造成中国飞行员王伟牺牲。中国政府认为这是一次故意撞机事件，美国则并不承认，这激起了中国人民的强烈不满。林勇带领着中国红客向美国网络发起攻击，组织了著名的"中美黑客大战"，利用黑客技术表达了对祖国的感情。

林勇

【蓝客】

蓝客（lanker）以共享、自由、平等、互助为原则，是提倡爱国主义，坚持一切言行都以维护中国尊严、主权和领土完整为出发点的一群关注时事政治的爱国黑客。

【骇客】

骇客（cracker）是计算机和网络世界中的破坏者。他们对计算机程序和网络进行恶意攻击和破坏，不遵守道德准则，技术水平参差不齐，经常为牟取个人私利或商业利益进行不法行为。

2015 年 3 月，山东淄博公

资料链接

《中华人民共和国刑法》第一百九十六条：有下列情形之一，进行信用卡诈骗活动，数额较大的，处五年以下有期徒刑或者拘役，并处两万元以上、二十万元以下罚金；数额巨大或者有其他严重情节的，处五年以上、十年以下有期徒刑，并处五万元以上、五十万元以下罚金；数额特别巨大或者有其他特别严重情节的，处十年以上有期徒刑或者无期徒刑，并处五万元以上、五十万元以下罚金或者没收财产。

安机关侦破了一个境内外人员相互勾结的骇客犯罪团伙。这一骇客犯罪团伙盯上了正准备交易的越南和中国两家公司,交易额达 500 多万元人民币。他们通过入侵电子邮箱截获两家公司的贸易信息,并冒充中国公司与越南公司联系,欺骗越南公司将货款打入骇客团伙的账户,以获得不法收入。公安机关侦破案件后,抓获包括 3 名外籍人员在内的共 5 名犯罪嫌疑人。

2015 年年初,吉林省延边州公安机关破获一起中韩骇客团伙作案的犯罪行动。这一团伙以韩国银行客户为目标,通过木马程序和钓鱼网站等手段窃取韩国居民的银行账户信息,并让韩国籍的犯罪嫌疑人冒充银行工作人员给客户打电话,蒙骗他们解除对银行卡的保护,再通过窃取来的账户信息转走账户内的存款,一周内就盗窃人民币 300 余万元。公安机关立案侦查后,共抓获 31 名犯罪嫌疑人。[1]

二、白帽、灰帽与黑帽黑客

【白帽黑客】

白帽黑客(white hat hacker),又称"白帽",是指拥有一定计算机技术并合法使用黑客技术的人。他们在合法的情况下攻击指定的计算机系统,其目的是进行安全测试,为计算机公司查找并提交可

---

[1] 案例来源:公安机关侦破网络黑客犯罪案 400 余起 抓获 900 余人 . http://news.xinhuanet.com/politics/2015−11/12/c_128422217.htm.

能存在的漏洞。他们通常是计算机测试人员或计算机安全顾问。

吴翰清是中国计算机网络安全行业的领军人物之一，23 岁时成为阿里巴巴集团最年轻的技术专家，并参与了支付宝和淘宝网的安全建设。

吴翰清

吴翰清对计算机的兴趣起源于中学时期的黑客教程。2000 年进入西安交通大学少年班后，他利用空闲在计算机实验室学习、研究网络攻防技术。出于对计算机安全的浓厚兴趣，吴翰清和其他志趣相投的朋友组建了一个名为"幻影"的技术型安全组织。自 2009 年加入阿里巴巴云计算公司，吴翰清就负责云计算安全、反网络欺诈等工作，拥有非常丰富的互联网安全经验。

身为白帽黑客的吴翰清非常关注中国计算机网络的安全，注重互联网公司的安全运营，并积极在博客上分享自己的工作经验和反思，2012 年出版《白帽子讲 Web 安全》一书，向计算机爱好者讲述 Web 安全的技术手段和工作经验等。

【灰帽黑客】

灰帽黑客（gray hat hacker），又称"灰帽"，其行为介于白帽黑客和黑帽黑客之间，是指拥有较高水平的计算机技术但是其行为准则和道德伦理都存在一定争议的人。他们通常会将发现的漏洞告知相关公司，以便该公司可以及时进行修复，避免损失。但有的时候,他们也会在告知该公司的同时将漏洞公示,让所有黑客都可以知道这一漏洞的存在,给心怀不轨的骇客或黑帽黑客以可乘之机。

在西方国家,灰帽黑客也指那些坚守道德、发现某些公司计算机漏洞并收取一定费用进行修复的人。

波兰有一位非常著名的美女黑客,名叫乔安娜·鲁特克丝卡(Joanna Rutkowska)。2006 年,美国的微软公司准备推出一款号称"最为安全的"Vista 系统。为了宣传并测试这款系统的安全性能,微软公司在美国的拉斯维加斯举行计算机安全大会,邀请 3000 多名黑客来对 Vista 系统进行测试。最终,乔安娜·鲁特克丝卡成功攻破了 Vista 系统。

在攻破系统之后,乔安娜并没有贬低该系统的安全性,她认为任何一个系统都会存在不安全的地方,一个百分之百有效的内核保护几乎是不可能的。微软的工作人员声称日后将会从乔安娜攻破的地方入手,加强对 Vista 系统安全性能的提升。

【黑帽黑客】

黑帽黑客(black hat hacker),又称"黑帽",是指出于恶意目的或为牟取个人私利、商业利益,非法入侵他人计算机系统和网络系统,并进行攻击和破坏行为的人。他们无视道德和法律,发现存在的漏洞时不会告知相关企业修复,而是直接攻击或将漏洞公示,因此也被称为"骇客"。

2015 年 5 月,江苏徐州公安机关接到报案,报案人称其支付宝账号中的 3996 元被盗取。原来这是一起由黑帽黑客团伙制造

白帽黑客、灰帽黑客与黑帽黑客

的盗窃案件,他们将伪装成 QQ 图片的木马程序发送给受害人,该木马具有远程控制、记录键盘、结束进程的作用,可以监控受害人的电脑,获取其密码信息,登录受害人的网银、支付宝账户进行盗窃。而且该木马可以逃过主流杀毒软件的查杀,给众多用户带来经济损失。案件侦破后,公安机关共抓获犯罪嫌疑人 10 余人。

2015 年 8 月,安徽省公安机关抓获一名利用木马程序非法获利的黑帽黑客。这名黑帽黑客利用自学的计算机技术制作具有拦截手机短信、记录键盘功能的木马程序,并将制作的木马程序挂载在境外租用的 15 台服务器以及 100 余个虚假的中国移动网站上,同时将这些木马程序租给进行网络诈骗和网络盗窃的不法分子,从中牟取非法收入 60 余万元。这名黑帽黑客最终被公安机关抓获,受到了法律的制裁。[1]

---

[1] 案例来源:公安机关侦破网络黑客犯罪案 400 余起 抓获 900 余人 [EB/OL].[2015-11-12](2017-12-01).http://news.xinhuanet.com/politics/2015-11/12/c_128422217.htm

资料链接

2016 年，猎网平台共收到全国用户提交的网络诈骗举报 20623 例，总金额 1.95 亿余元，人均损失 9471 元。与 2015 年相比，举报数量下降 17.1%，但人均损失却增长 85.5%。

其中，PC 用户举报 20623 例，涉案总金额为 1.5 亿元，人均损失 10701 元；手机用户举报 6421 例，涉案总金额为 4335 万元，人均损失约为 6751 元。

从用户举报数量来看，虚假兼职依然是举报数量最多的诈骗类型，共举报 4550 例，占比 22.1%；其次是网游交易 2738 例（占比 13.3%）、虚假购物 2649 例（占比 12.8%）、金融理财 1984 例（9.6%）、虚拟商品 1924 例（9.3%）和身份冒充 1482 例（7.2%）。

（数据来源：《2016 年网络诈骗趋势研究报告》）

三、电话飞客与脚本小子

【电话飞客】

电话飞客被认为是计算机黑客的前辈，当计算机尚未出现的时候，他们探索研究电话通信系统，了解电话工作模式，通过某些技术手段入侵电话系统，从而规避长途话费或免费拨打电话。

戴维·康登（化名）被认为是最早的电话飞客，他被这一领域中的人称为"大卫·克洛科特"，意思是说戴维·康登是电话飞客这片荒漠领域中最初的探索者,是"荒漠之王"。[1]

1931 年出生于费城的康登从小对科学感兴趣,经常在晚上和爸爸一同收听短波电台。进入大学以后,康登主修化学和数学,并通过《贝尔实验室档案》杂志和电话维修工人学习有关电话的知识和技术。1995 年,康登在一家便利店内购买了一个带有小型电动机和空气压缩机的塑料玩具,这个玩具由一支笛子、一只猫和一只关在笼子里的金丝雀组成,可以发出悦耳的声音。经过康登的改装,这个玩具变成了一个可以发出频率为 1000 赫兹和 20 赫兹混合声音的装置,这一声音和电话接线员的信号相同。这一装置成功地蒙骗了当时的电话系统,使得戴维·康登可以免费拨打电话。康登认为,拥有这一技能本身就是这件事情最大的乐趣。

【脚本小子】

"脚本小子"(script kiddie)是指计算机技术水平较低,直接使用他人编写、开发的程序或脚本进行攻击和破坏行为的人。他们通常是青少年,并不理解这些程序的开发原理和运行过程,也不知道这些攻击工具是如何发挥作用的,更没有能力去编写复杂的程序,只是为了刺激或向同龄人炫耀而进行攻击。

从某种意义上说,他们并不是真正意义上的黑客,只是一群喜欢利用他人程序或脚本进行恶作剧的人,因此被称为"脚本小子"。

---

[1] [美] 菲尔·拉普斯利. 电话飞客 [M]. 莫昊霖,译. 北京:电子工业出版社,2015:54.

第三节　黑客的特征

💡 你知道吗？

　　一屋子的书乱七八糟地散落在书桌上、地板上、书架上，几件穿过的衣服随意地搭在衣架上，一碗刚刚泡好的方便面正安静地冒着热气。电脑屏幕的后面，一个 20 多岁的男生正紧盯着眼前的代码，不时在键盘上敲击几下。

　　这个男生只是众多黑客中普通的一员，他们或许不太爱说话，或许善于自我表达；或许每天穿着 T 恤、短裤，或许偏爱衬衫领带。他们每个人看起来都会有些不同，但是他们也有很多相似的地方。

　　在本节中，黑客是一个非常宽泛的概念，它既包括正义黑客的"白帽"，也包括不守规矩的"黑帽"等。

黑客群体有着自己的秩序

一、黑客的群体特点

(一)年龄偏小

从年龄上看,无论是中国还是全世界,黑客的年龄普遍偏小,而且近年来有继续低龄化的趋势,这主要和计算机网络本身的特点有关。就中国来说,计算机在 20 世纪 90 年代开始大量普及,中国出现了第一批黑客。对于没有接触过计算机的人而言,计算机的操作和功能都颠覆了传统的电子通信设备,这对上了年纪的人来说是比较难学习的,甚至会产生排斥心理,再加上人们对未知的陌生事物有本能的惧怕心理,这就造成了计算机在进入中国后难以吸引年长者。不只是中国,在其他国家也是如此。

计算机作为一种新事物,符合年轻人的好奇心理。计算机为对未知事物充满好奇的年轻人带来了一个全新的世界,他们会为可以敲击的键盘感到兴奋,会为能够无线聊天感到惊叹,更会为屏幕上的电子游戏感到痴迷。这个冷冰冰的电子家伙为年轻人的世界带来了无限的可能,对他们来说,这是一个绝对有吸引力的"新玩具"。

此外,计算机刚刚被大家认识的时候,是一个先进科技的代表,家长们都希望自己的孩子可以接触新科技,鼓励孩子们学习电脑。在电脑普及的今天,家长们更多的是反对孩子沉迷电脑游戏,而不是反对计算机技术本身。

（二）男性居多

从性别看,大多数黑客为男性。虽然随着计算机的普及,女性黑客的数量在逐渐增加,但总体来说男性黑客仍占有较大比例。

首先,计算机更像是一款"玩具",比较容易吸引男孩的注意。在平时的生活中,多数女孩更喜欢洋娃娃,而多数男孩更喜欢机械味十足的汽车、机器人等。当然,这和家长的引导也有一定关系。总体上,计算机更容易让男孩子痴迷。

其次,计算机作为一门专业性较强的工科学科,对数理逻辑有较高的要求。相比于擅长感性思维的女生,男生更有优势。男生们在选择专业的时候也更容易把目光投向计算机领域。

再者,从相关岗位的就业情况上看,即在前文所说的计算机从业人员中,男性也占了较大的比例。除了计算机专业的毕业生多为男性外,还有部分原因是一些学习计算机专业的女性在毕业后会选择其他的岗位,或者从事与计算机相关的管理工作,这就使得研究计算机技术的为数不多的女性再次流失。这也从客观上形成了黑客中男性居多的现状。

（三）崇尚自由

早期的黑客深受美国自由主义思想、朋克和嬉皮士文化的影响,崇尚自由主义,反传统、反权威,也反对一切束缚和羁绊,认为自己是为自由而战斗的勇士。在大部分黑客看来,全部的信息都应该免费地自由共享。

然而,黑客身上这种崇尚自由的精神特质对计算机网络发展来说是一把双刃剑。

一方面,黑客的自由主义精神使得他们不受传统思维的束缚,对一切未知的领域充满好奇,敢于创新,推动了计算机和网络技术的发展。也正是这种自由主义的精神,打破了商业巨头对大型计算机的垄断,带来了个人计算机的普及,极大地加快了全世界的技术进步。同时,他们把自己编写的程序放到网上,免费共享给他人,为计算机的使用带来了便利。另一方面,部分黑客对自由主义的极端追求使得他们无视法律法规和道德伦理,在计算机世界里肆意地进行破坏,以自由之名窃取商业信息或他人隐私,恶意攻击他人电脑,给他人带来了严重的损失。更糟糕的是,他们中的一些人往往并没有意识到自己的行为是错误的、不道德的甚至是违法的,也没有意识到事情的严重性和负面影响。这样的人,往往会走上"骇客"的道路。

(四)热爱挑战

黑客的年龄相对较低,甚至可能不到十岁,正是"初生牛犊不怕虎"的年纪,他们不一定有很高的学历,但是热衷于思考和解决有难度的复杂问题,不盲目相信既定的答案,往往喜欢挑战权威和规则。

真正的黑客往往痴迷于计算机和网络技术,喜欢开动脑筋,对那些在他人看起来复杂又枯燥的代码有着极大的兴趣,愿意进行深入的思考,力求找出最简单有效的解决办法。一个棘手的计算机问题,对别人来说可能是一个令人懊恼的麻烦,但对一名真正的黑客来说,是一个新鲜、刺激、具有挑战性的"游戏"。

真正的黑客不会因为已掌握的技术沾沾自喜,他们会不停地学习和探索,不但想要知道什么是最新的计算机技术,更想要知道这些技术是如何开发、使用的,以及这些技术是否还有更好的改进办法。一方面,飞速发展的计算机技术迫使他们必须不断学习以免被时代淘汰;另一方面,优秀的黑客能够通过不断开发新的软件来推动计算机技术的发展。

当然,真正的黑客不会践踏法律的底线,他们所有的技术尝试都在法律允许的范围内进行。

（五）动手能力强

一般来说,黑客多是对世界充满好奇的人,他们愿意去探索未知的计算机领域,在这一过程中,双手是他们最好的工具。

黑客们往往精力旺盛,他们看起来或者活泼好动,或者安静斯文,又或者性格孤僻,他们的脑袋里经常想着和计算机有关的事,他们的手也总是会被吸引到计算机或者与计算机有关的事物中去。

在黑客的家中往往会存有大量的计算机类书籍,你可能会看见他们一页一页地翻阅书本。不过他们可不是只会看书的"书呆子",将书中的理论转化为实践才是他们感兴趣的事情。毕竟纸上谈兵并不能令他们真正兴奋。对他们来说,用手指在键盘上敲出一行行代码,再将它们编写成具有战斗力的软件工具才是他们最终的追求。

除了软件之外,有的黑客或许也会对硬件感兴趣。他们对计算机内部的每个零件都充满好奇。那些彩色的电线、金色或银色的零件往往会让热爱机械的人感到兴奋。他们可能会尝试着用手中的工具将这些零件拆下来,再装回去,如果能够再次让计算机正常运行的话,他们会开心上好几天。

二、黑客攻击行为的特点

(一)攻击目的多样化

黑客的攻击目的是多种多样的,就像黑客的分类一样,不同的黑客有着不同的攻击目的。

第一种是出于安全测试目的的攻击。这种目的的攻击是严格按照法律规范执行的,其攻击者一般是计算机公司的安全技术人员,也就是我们所说的"白帽"。他们的攻击是为了测试某一软件系统是否存在漏洞,是否会为软件的使用者

资料链接

2016年,360互联网安全中心共监测到用户手动放行恶意程序500余万次,涉及恶意程序样本3万余个,平均每个此类恶意程序样本可以成功攻击160余台普通个人电脑。

通过对3万余个被用户手动放行的恶意程序样本的抽样分析统计显示,恶意程序最喜欢的伪装形式是游戏外挂,为31.7%。其次,贪便宜软件为19.9%,色情播放器为11.9%。

(来源:《2016中国电脑恶意程序伪装与欺骗性研究报告》)

带来风险,如果存在,他们将及时对这些漏洞进行修补,以保证软件系统的安全性。

第二种是出于好奇目的的攻击。这些人往往计算机水平不高,正处于初步的探索阶段。他们的攻击并非出于恶意,更多的时候他们并不能意识到这些攻击造成的后果。有时候,他们还会帮助修复探索出来的漏洞。

第三种是出于恶作剧目的的攻击。这种攻击可能会带有一定的恶意性质,攻击者故意与他人开玩笑、戏耍、捉弄他人,使被攻击者陷入尴尬的局面,并从中寻求刺激、获得乐趣。这种攻击行为一般会造成明显但不严重的后果,比如进入被攻击者的网站删除或增添某些文字、图片,修改网站的主页,或对页面上的人物进行涂鸦等。

第四种是出于牟取个人私利或商业利益目的的攻击。这种攻击是违反法律法规的。与以上情况不同,出于这种目的的攻击其目标非常明确且具体,即通过技术手段来非法进入他人的网络,窃取个人隐私、银行账号、账户密码和商业秘密等信息,为自己或委托人带来非法利益。这些攻击行为往往会带来较为严重的后果,攻击者也会受到法律的制裁。

(二)攻击手段复杂化

黑客的攻击手段是复杂多变的,一次攻击行为可能包含一种或多种攻击手段。

第一种是暴力破解攻击。这种方式技术含量较低,一般用来破解计算机系统的各种口令。由于计算机系统的访问权限是通过各种不同的口令来限制的,黑客要想获得这些系统的访问权限,就要知道它们的口令,而暴力破解是一种简单且有效的方式。

获得口令的方式有很多种,借助工具软件来进行暴力破解是黑客们最常用的攻击方式。这种方法的操作过程就是由计算机自动生成一系列数字和字符的组合,每生成一组就去尝试进入系统,不断重复,直到生成正确的口令进入计算机系统为止。这种方法简单粗暴,不需要高超的计算机水平,但是攻击时间相对较长。

第二种是隐蔽手段攻击。黑客有时会以匿名身份躲在暗处对计算机进行攻击,这种攻击方法不容易被计算机用户和计算机安全系统识破,而且也难以被警方侦破。有时候,黑客会通过暴力攻击或其他手段拿到计算机系统的口令,随后就借用合法用户的身份展开破坏。或者,黑客可以隐藏自己的IP地址,将一台已经被控制的计算机作为傀儡,并用这台计算机发动攻击,即使被对方发现也难以追查到真正的攻击者。还有一些黑客会将广告链接嵌入网站中运行,这种方法隐蔽性强,难以被网站管理者发现。

第三种是定时炸弹式攻击。这种攻击方式危害性较大,且不容易被发觉。这种攻击手段犹如黑客在计算机网络上故意留下的"炸弹",在一般情况下不会轻易爆炸,也不易被人发现,但是经过黑客的刻意操纵或在特定的时间、条件下,这颗埋藏在计算机网络系统中的"炸弹"就会发挥它的威力,造成一系列的破坏,干扰计算机系统的正常运行,乃至摧毁这一系统。

(三)攻击范围扩大化

随着计算机科学技术的发展和计算机网络的普及,黑客攻击的范围不断扩大。

从黑客人数上看,越来越多的人加入黑客行列,虽然他们的技术水平参差不齐,甚至很大一部分人还停留在"脚本小子"的阶段,但黑客的数量确实有所增加,再加上一部分人无视法律法规,这就使得我们面临更多的攻击者。攻击者队伍的壮大很可能会侵占更多的计算机领地。同时,一些攻击行为是有计划、有组织的群体性攻击,这就使得他们的攻击可以发挥更大的威力。

从黑客的技术上看,越来越多的人有条件接触高水平的计算机技术。他们通过不断地交流和学习,破解最新的安全防范技术,最终超越这些安全技术,进入一些从前难以攻破的系统,进行富有挑战性的破坏。这就使得黑客的攻击范围在纵向上得以深化,往往造成更大的破坏。

从目标数量上看,现在已经有越来越多的人使用计算机和网络设备,可以说计算机已经成为最常见的办公设备。计算机和网络的快速普及,在给人们带来便利的同时,其风险也相应增加。当黑客发起攻击时,有可能在很短的时间内造成上千台电脑瘫痪,使得受损的面积成倍扩大,给个人和社会带来巨大的经济损失。因此,安全合法地使用计算机、保护计算机安全就成为我们必须去做的事情。

💬 讨论问题 ···

1.航航的妈妈给航航买了一台新电脑。航航开心地邀请小伙伴到家里玩。突然,电脑受到黑客的攻击,无法继续操控了,航航妈妈只能邀请技术师傅上门维修。航航和小伙伴对此进行了讨论,并邀请你加入:

(1)你的电脑以前出现过故障吗?是什么样的故障?

(2)猜一猜:是什么原因让黑客发起攻击?

(3)有没有什么方法可以避免电脑故障的发生?

2.豆豆的班级最近举行了一次绘画比赛。豆豆是一个对计算机黑客非常感兴趣的孩子,因此他画了一幅黑客漫画,受到了老师的表扬。下课后,豆豆和其他同学在走廊里对黑客群体进行了讨论:

(1)黑客可以分成哪几种类型呢?

(2)你最喜欢哪种类型的黑客?为什么?

(3)你是通过哪些方式去了解黑客的?

···

第三章

黑客攻防原理

主题导航

1 黑客工作守则

2 黑客攻击原理

3 黑客的入侵方式

4 黑客攻击的防御术

作为颇具神秘感的社会隐形人群，黑客们的行事作风和工作方式总会引来大众无尽的想象。有人觉得黑客群体"盗亦有道"，认为他们游离在政府和社会的边缘，是网络时代的"怪侠罗宾汉"；有人则视黑客为洪水猛兽，认为他们只是一群心理阴暗的社会反叛者，是侵犯用户隐私、破坏网络安全的罪犯；有的人则将黑客臆想为一群老谋深算的阴谋家，认为他们组织严密、纪律严明，他们所有的行为都是为了满足不为人知的利益诉求……

大众对黑客行事作风的误解与他们不了解黑客的工作方式、工作原理存在莫大关系。时至今日，仍有不少人认为黑客拥有某种类似"隔空取物"的能力，对黑客和网络安全知识的匮乏使得许多人在网络安全防范上疑神疑鬼、草木皆兵。但社会工程学知识告诉我们，黑客实施攻击行为时必须与被攻击者建立一种虚假的信任关系。人们之所以认为黑客能够"隔空取物"，原因有二：一是互联网时代个人信息极易被泄露，黑客可以轻易地获得某些重要的个人信息，再利用系统或制度的漏洞建立信任关系；二是网络世界中黑客欺骗和掩盖的手段愈发高明，很多人上了当后还浑然不知，这就使得黑客的神话被广为传播。

因此，只有熟悉黑客的工作守则与原理、了解黑客的攻防技术，我们才能更加客观、深入和理性地看待黑客群体。

第一节 黑客工作守则

💡 你知道吗？

黑客群体虽然并不如人们想象的那样组织严密，但作为一类专业性极强的团体，"黑客圈"也有着自己的价值认同和准入规则。究竟是哪些"条条框框"规范着黑客的行为？这些规则是否真正起到了约束黑客的作用？本节将会回答这些问题。

一、"六条军规"：黑客精神指导下的行为准则

美国记者史蒂文·列维在 1984 年出版了史上第一本介绍黑客的著作——《黑客：计算机革命的英雄》。在本书中，列维将黑客精神概括为五点：分享、开放、民主、进步和计算机的自由使用。

回溯历史，我们不难发现，黑客原是指那些醉心于计算机技术并且水平高超的电脑专家，他们热衷于追求技术的极致，意图通过不断突破既有的技术框架来实现自身的价值认同。对于真

正的黑客而言,运用技术搞破坏是令人不齿的行为。

阎雪在《黑客就这么几招》一书中整理出了六条被广泛接受的黑客行为准则,它们分别是:

1. 不破坏任何系统,这样做只能给你带来麻烦。

2. 除非出于必要或为了以后更容易进入(这个系统),否则不修改任何系统文件。

3. 不与任何人分享被你"黑"掉的信息,除非此人绝对可靠。

4. 在 BBS 上发表文章要匿名。

5. 不入侵或破坏政府的计算机。

6. 真正的黑客必须去做黑客该做的事儿,仅在家中读点文章或者在 BBS 上扒点资料的人称不上真正的黑客。

由此可见,圈内公认的黑客守则基本上践行着"三不"原则:不破坏、不泄露、不具名。这些原则体现了早期黑客们所具有的崇高精神:不以搞破坏的方式来显示存在,单纯而狂热地追求技术上的极致。

二、凯文·米特尼克与罗伯特·莫里斯:黑客守则的崩坏

尽管上述行为准则看起来冷静而克制,可一旦入侵成功,许多黑客容易沉溺于巨大的权力感中不能自拔,进而将黑客的行为准则抛诸脑后。面对权力的诱惑,本以精神贵族自居的黑客群体逐渐分化,"黑客"一词也背离了原有的内涵。而米特尼克与罗伯特·莫

里斯（Robert Morris）的所
作所为则象征着传统黑客
精神的崩坏：从此，理性而
克制的黑客传统中断，黑
客真正变"黑"。

米特尼克和莫里斯都
是著名的黑客。前者被人

"头号电脑骇客"凯文·米特尼克

誉为世界上"头号电脑骇客"，他在 15 岁那年就曾入侵"北美空
中防务指挥系统"，后来还曾入侵 FBI 的电脑系统。虽然他本人
并没有从入侵中获利，但却给美国官方带来了巨大的经济损失。

而后者则是臭名昭著
的"蠕虫病毒"的始作俑
者。1988 年，23 岁的莫里
斯将"蠕虫病毒"输入互
联网，失控的病毒大肆传
播，直接导致 6000 台计算
机瘫痪（当时全世界接入

"蠕虫病毒之父"罗伯特·莫里斯

互联网的计算机只有十万台左右），造成了 1500 万美元的直接损
失。虽然莫里斯制作病毒的初衷并无恶意，但"蠕虫病毒"的确
打开了病毒传播的"潘多拉魔盒"。

二人也因自己的黑客行为"一举成名"，成为菜鸟黑客们的精
神偶像。但也正是从那时起，黑客精神贵族的传统开始中断，黑

客守则失去了约束力,公众对于黑客的成见也愈加深化。

三、从聚合到分化:"黑帽""白帽"与"灰帽"

正如前文所述,制约黑客的"条条框框"虽然在圈内已有共识,但入侵系统所带来的强大权力感使得不少技术狂人对这种缺乏制约力的黑客守则不以为意。入侵系统能带来权势、金钱和名望,没有多少人能够经得起这种诱惑,随之而来的黑客群体开始分化。在第二章,我们曾将黑客群体分为黑帽黑客、灰帽黑客和白帽黑客。不同的黑客群体对黑客精神的理解差别很大。

"黑帽"们肆无忌惮地闯入计算机网络,破坏系统或窃取数据,他们是许多计算机病毒的始作俑者。正是由于"黑帽"肆无忌惮的入侵,黑客在公众眼中成了计算机犯罪嫌疑人的代名词。但需要指出的是,许多黑客对于"黑帽"们的行为深以为耻,认为他们是黑客精神的背叛者,于是乎"黑帽"也被人们称为"骇客"。

如果说"黑帽"是黑客精神的反叛者的话,那么"白帽"则是黑客精神的传承者。"白帽"对恶意入侵和传播病毒的行为不屑一顾,他们也会利用技术侵入系统,但这并非出于恶意,因此,白帽黑客又被称为"道德黑客"。

而"灰帽"则介于"黑帽"与"白帽"之间,他们一般不会对计算机漏洞发起恶意攻击,有时为获取经济利益或显示自身价值,"灰帽"也会越过法律与道德的底线发动网络攻击。但更多的时候,他们会在发现漏洞后通知供应商,并借此赚取收入。

由此可见,黑客的行为守则虽然早已提出但却并不具有强制约束力。那么,不同黑客发动攻击的手法是否相同?黑客攻击的流程和原理又是什么呢?让我们在下节内容中寻找答案吧。

第二节　黑客攻击原理

对于受攻击者而言,黑客入侵的来源有两种,分别是内部人员发起的攻击和外部人员发起的攻击。前者可能是通过自己"圈内人"的身份获得各种权限,达到窃取资料或破坏系统的目的,比如"棱镜门"事件的报料人斯诺登,就是运用自己的特殊身份获取有关棱镜计划的情报。而后者则更加接近我们对黑客攻击的印象:此前与受攻击的网络毫不相关的黑客凭借其高超的技术最终获取了被入侵系统的最高权限,前文中提到的凯文·米特尼克就是发动此类攻击。而第二种入侵也是本节要重点分析的内容。本节将外部人员发起的黑客攻击的过程分为前期准备、实施攻击和善后工作三个阶段,通过介绍黑客发动攻击的流程来解释黑客的工作原理。

一、前期准备:确定目标与搜集信息

发动一次黑客攻击并不像我们想象的那么简单,这是一项步骤性和逻辑性很强的工作,没有哪位黑客可以不费吹灰之力就成功入侵,轻轻松松黑掉一台电脑。面对网络那头的陌生人群,黑客们首先要做的事就是确定一个攻击目标。攻击目标的确立与黑客的攻击目的息息相关。一般来说,黑客发动攻击的目的有三类:1. 炫耀技术,刷存在感;2. 破坏系统,报复社会;3. 窃取情报,谋求政治经济利益。

确定了攻击目标之后,黑客并不会立马展开网络攻击,特别是以政府部门或军方网络为攻击对象的黑客,因为这类对象往往有较高的安全防范意识和专门的网络安全人员。面对位于遥远网络那端的未知对手,贸然发动攻击往往会暴露自己甚至引火烧身,于是搜集目标的相关信息就显得十分必要。

黑客们关心的信息包括目标电脑所装载的操作系统类型及版本、杀毒软件和防火墙的种类、电脑硬件制造厂商和型号、网络安全监测机制是否完善,甚至是网站管理者的个人偏好。

上述内容相当于目标的“个人信息”,有了这些信息,黑客可以对目标的基本情况做出基本判断,选择恰当的攻击方式和时机。而对于被攻击者而言,泄露的这些看似无用的信息却可能给黑客发动攻击带来极大的便利。

比如,不同的操作系统中的漏洞分布和适用的攻击方式是不同的,了解了目标的操作系统后,黑客就能有的放矢,设计最合适的攻击路径。

再比如,有些网站管理员喜欢用自己的生日作为系统密码,如果这一点被黑客掌握,那么获取系统权限将易如反掌。

千里之行始于足下,对于黑客攻击而言亦是如此,明确攻击目标、搜集相关信息是黑客发动网络攻击的第一步,也是最基础的一步。

二、实施攻击:获得权限与扩大权限

经过严密的准备工作之后,黑客就将正式展开攻击活动了。

黑客发动远程网络攻击的核心目的是获得目标电脑的操作权限,而权限又分为一般用户权限和系统最高权限。对于某些防御级别较低的计算机,获得一般权限就足以达到修改主页的目的,但对于技术高超的黑客而言,获取目标计算机的最高权限才可以算完成了一次圆满的网络攻击。获取最高权限意味着目标对于攻击者而言已经毫无秘密可言,这是对攻击者能力的最大肯定。

一般来说,对系统漏洞发起攻击是黑客获取权限的主要途径。我们所使用的应用软件和操作系统都是程序员使用汇程语言编写而成的,而系统漏洞是指应用软件或操作系统软件在逻辑设计上的缺陷或错误,这些缺陷或错误是计算机的软肋,也是黑客们获取权限的重要突破口。造成系统漏洞的最主要原因是程序员缺乏安全意识。比如攻击者常常会利用缓冲区溢出漏洞来获得用户权限。缓冲区溢出就好比是将十升水放进只有五升容量的桶里,一旦容器满了,余下的部分就会溢出在地板上,弄得一团糟。攻击者写一个超过缓冲区长度的字符串,植入到缓冲区,这时可能会出现两种结果:一是过长的字符串覆盖了相邻的存储单元,引起程序运行失败,严重的可导致系统崩溃;另一个结果就是可以利用这种漏洞执行任意指令,甚至可以取得系统权限。

杀毒软件会及时提示用户修补系统漏洞

取得用户权限之后,黑客的下一个目标就是将自己的权限提升为管理员权限。需要指出的是,系统漏洞一般分为本地漏洞和远程漏洞。黑客攻击一般从远程漏洞开始,但利用远程漏洞往往只能获得普通用户的权限,此时就要想办法将其升级为系统最高权限。获得最高权限的方式是多样的,黑客可以通过用已经获得的权限来执行本地漏洞的方式获得最高权限,还可以利用已有权限放置木马,通过这类欺骗程序窥探用户管理员的密码口令。

需要指出的是,这里的木马与木马病毒略有不同。该木马不能实施远程控制,它相当于黑客放置在目标电脑中的一个监视程序。当管理员登录系统时,这个木马会记录下被输入的密码,黑客通过这种方式就能获得系统的最高权限。

综上所述,黑客发动网络攻击通常会先利用远程系统漏洞获取普通用户权限,再通过本地漏洞或植入木马的方式获取最高权限,从而完成一次入侵。因此,作为电脑系统的管理员,我们必须随时关注系统漏洞的更新状况,及时为漏洞打上"补丁",不给黑客可乘之机。

三、善后工作:清理痕迹与植入后门

如同入门盗窃一样,系统入侵也是会留下痕迹的,因为所有的网络操作系统都具有日志功能,这一功能会记录下系统中的所有操作。如果黑客离开系统时不能很好地清理自己留下的"蛛丝马迹",那么他的行踪很快就会被系统管理员发现。为了保持自身隐秘的行踪,黑客会采取各种方法清理掉自己的操作痕迹。

在 Windows 操作系统中,日志管理系统 NR 可以从探索者

（explorer）和用户管理者（user manager）中查看，系统管理员可以根据需要使用有效跟踪和无效的文件访问。系统管理员还可以根据访问需求的成败选择审查的策略，如登录与退出，权限非法与关闭系统，等等。

一般来说，获得最高权限的黑客可以随意修改包括系统日志在内的各类文件，最简单的清理痕迹的方式当然是删除日志文件，但这种做法也是"此地无银三百两"，无异于直接告诉管理员系统已经被入侵。手法精细的黑客会选择修改记录自己操作行为的那部分系统日志，在记录着大量的操作的系统日志中，一小部分记录被修改往往会被管理员忽视，因而这是一种常见的隐匿踪迹的方法。

"魔高一尺，道高一丈"，面对黑客的挑衅，系统管理员自不会等闲视之，他们也有自己的应对之策，比如用打印机将系统日志实时打印下来，这样就能避免黑客获得最高权限后系统日志功能失灵。所以，仅仅修改日志是不够的。为了绕过系统日志的监测，黑客高手会通过替换系统程序的方式来进一步隐藏踪迹，这种用来替换的程序叫作Rootkit，它是黑客隐藏踪迹的得力助手。用Rootkit替换之后，管理员就无法通过系统日志侦测到黑客的动作，这是一种比较高级的清理痕迹的方式。

入侵行动的最后，黑客一般会在目标电脑的系统中留下一个后门程序。所谓后门，就是预留在计算机系统中，供某位特殊使用者通过某种特殊方式控制计算机系统的途径。如果黑客还需要再次进入计算机系统的话,后门程序会为他带来极大的方便:当计算机系统的"大门"紧闭时,入侵者可以通过预留的后门悄悄地溜进系统之中。

黑客能通过后门程序轻易地再次入侵电脑

　　到此为止,黑客攻击的流程和步骤已经展示在我们面前:首先要确定攻击目标和搜集相关资料,之后从远程漏洞着手获取用户权限,然后使用本地漏洞或木马来获得最高权限,完成入侵之后还要清理痕迹和预留后门程序。由此可见,黑客攻击并不像我们想象的那样简单粗暴,而防范攻击则更依赖于我们平时的谨慎和细心。

第三节　黑客的入侵方式

如果将电脑系统比作一座城堡，防火墙就是城堡中高高耸立的围墙，防范着外界的病毒与攻击；杀毒软件则相当于城堡中巡逻的卫士，时刻准备揪出混入城中的"坏人"（计算机病毒）；城堡的入口相当于计算机的端口，要从入口处进入城堡就必须有钥匙或者口令（相当于计算机的系统密码）。这座城堡看起来坚不可摧，但事实上有许多可供攻击之处，它们就是电脑系统中的漏洞，而曾经入侵过城堡的人为了下次更方便进入，也会挖一些地道，在不起眼的地方开几个小门，这就是所谓的"后门程序"。

将电脑系统比作城堡之后，黑客的工作方式就很容易理解了：一般来说，入侵者必须先进入城堡内部才能进一步展开行动。进入城堡的方法是多样的，黑客可以通过窃取口令的方式大摇大摆"走正门"进入系统，也可以通过特洛伊木马或者后门程序"挖地道""走后门"入侵系统。如果不能进入城堡的话，黑客还可以通过使用邮箱炸弹发起大量访问的方式在城堡外部发起"强攻"。下面我们就来介绍这几类常见的黑客攻击方式。

一、"走正门"："流光"软件与密码安全

众所周知,系统是通过登录密码来核实用户身份的,大部分个人用户习惯将登录密码设置为简单的数字,这就使得黑客极易通过穷举法(所谓穷举法,是指在问题所指定的范围内对所有可能的情况逐一验证,直到全部情况验证完毕,也就是俗话说的"一个一个试出来")暴力破解密码。掌握了密码的黑客如同手握城堡大门的钥匙,可以大摇大摆地进入计算机系统,从而进一步开展破坏工作。

这里需要简单普及一下关于密码的常识。在理想的状态中,没有任何一种密码是牢不可破的。只要给予破解者足够多的时间,他们总能用穷举法试出密码。但在实际操作过程中,黑客会充分考虑一次攻击行为的投入与产出比,如果密码相对复杂且受攻击的目标价值不大的话,很少会有黑客愿意用足够的耐心和时间去破解它。在这种情况下,黑客会优先考虑破解那些简单的密码。在计算机的帮助下,组合简单的密码是可以轻易穷举出来的,而"流光"就是这样一款基于穷举原理设计出来的密码破解器。

"流光"是中国第一代黑客小榕的作品。这是一款十分好用的 FTP、POP3 解密工具,其基本原理十分简单:使用字典文件一遍又一遍对密码端口发起访问,直到把密码试出来为止。

"流光"的设计与 Windows 系统中的资源管理器十分相似:左上方是任务管理窗口,显示已经破译和正在破译的对象;右上方

黑客攻击方式多种多样，破坏性强

"流光"软件 5.0 版的主界面

是状态监视窗口,显示正在进行的任务;下方的条状窗口是用户列表,内容包括已破解和未破解的用户数据。

使用"流光"时首先要设定扫描范围,再根据破译对象的特性勾选相应的选项,之后黑客可以在选项框中根据自己的需要调整"流光"的输出内容。扫描之后,软件会自动生成一个扫描报告,显示已破解的系统类目,便于黑客实行下一步行动。

在"流光"这类破解软件面前,简单的数字密码是不堪一击的。事实上,包括凯文·米特尼克在内,许多著名的黑客都是从破解网络系统密码入行的。从某种意义上来说,密码安全不仅仅是个技术问题,也是安全意识的问题。

在使用电脑的过程中,设置一个相对复杂的密码可以大大提高网络系统的安全性。但依然有许多人将自己的生日、姓名的全拼和 123456、666888 这样的简单组合作为密码。根据密码专家的建议,安全的密码应该是数字、字母和特殊符号的无规律组合,例如 9r, $8G。但这样的密码又使用户感到记忆不便,对此我们的建议是,用特殊符号隔开一个你熟悉的英文单词,比如 sch&ool,这样就兼顾安全性与方便性。更重要的是,定期更换密码,不要到处乱写自己的密码,因为没有一种密码是"包打天下"的,而把精心设计的密码写在笔记本上很可能使你的电脑系统毁于他人的"匆匆一瞥"。

二、"秘密潜入":后门程序与特洛伊木马

　　通过破解软件远程破译系统密码,敲开城堡"大门"的做法听起来简单粗暴,也足够炫酷,但在面对拥有良好安全意识和完善防备体系的攻击目标时,"大门"往往不那么容易被敲开。在实

黑客可以通过后门程序达到入侵计算机的目的

战过程中,通过后门程序和特洛伊木马来实现系统入侵比暴力破解密码的成功率要高很多,因此,"潜入"成为黑客最喜欢的入侵方式。

所谓后门程序,一般是指那些绕过安全性控制而获取对程序或系统访问权的程序方法。后门分为两类,一类是设计软件的程序员预留的。程序员常常会在软件内创建后门程序,以便修改程序设计中的缺陷。但是,如果这些后门被其他人知道,或是在发布软件之前没有删除,那么它就成了安全风险,容易被黑客当成漏洞进行攻击。另外一种就是我们前面说的那一类,即入侵活动结束时黑客在系统上留下的一个程序,便于日后再次"光顾"目标电脑。

与电脑病毒不同,后门程序既不能自我复制,对系统也没有主动的破坏性和攻击力,它的可怕之处在于,黑客能通过后门绕过系统已有的安全设置直接进入系统。不仅如此,后门之间还可以相互关联。通过后门,黑客可能会修改系统的某个漏洞来提升权限;可能会对系统的配置文件进行小部分的修改,以降低系统的防卫性;也可能会在计算机上安装一个木马程序,使系统打开一个安全漏洞,以利于黑客完全掌握系统。

特洛伊木马也是黑客入侵系统时的常用手段,与后门程序不同的是,特洛伊木马是一种恶意程序。它通常伪装成正常的软件来诱导用户主动下载,但这个软件内通常包含一个远程控制程序,一旦被植入,电脑在黑客面前将毫无秘密可言,就像希腊传说中的"木马计",看似无害,实则暗藏凶险。木马通常会伪装成实用工具、游戏或图片的形式,诱导计算机用户主动把它"接"入电脑系统的"城堡"之中。一旦得手,"城"内的木马就能和"城"外的黑客里应外合,一举攻破计算机系统。

这里需要指出的是,虽然都是"潜入"计算机系统,但两者的路径和方式还是有差异的。后门程序可以帮助黑客绕过计算机的防护机制直接入侵系统,与计算机系统的"正门"并不发生交集,而木马则是利用伪装手段通过检查,堂而皇之地由用户从正门"领入"。

后门程序和特洛伊木马都令人头疼。针对后门程序,我们所能做到的就是关注系统漏洞的更新状态,及时为系统打上"补丁",保持 Windows 防火墙的开启;而面对善变的特洛伊木马,我们则要及时更新杀毒软件的病毒库,定期为电脑做全面木马扫描,不要在网络上下载来路不明的软件。

三、"破坏城堡":蠕虫病毒与邮箱炸弹

前面说过,黑客入侵计算机系统的目的各有不同,有的是为了显示存在,有的是为了窃取秘密,还有的则纯粹是为了搞破坏。而蠕虫病毒和邮箱炸弹就是黑客"进攻"和"破坏"系统城堡的两把利器,下面我们就一一为大家介绍。

蠕虫病毒最初的制造者是罗伯特·莫里斯,经过多次变种之

蠕虫病毒会对计算机造成极大的损害

后，至今仍危害着网络安全。前些年风行一时的"熊猫烧香"就是它的变种。

蠕虫病毒是一套自解译程序，因而不需要附着在宿主的程序上。蠕虫主要通过系统漏洞"钻入"计算机系统，一旦进入系统，蠕虫病毒就开始疯狂地自我复制与繁殖。如同物种入侵一般，在没有"天敌"的电脑"城堡"中，蠕虫疯狂地繁衍、复制，被入侵的计算机内存会被"蠕虫"步步蚕食，直至系统崩溃。

虽然蠕虫病毒十分可怕，但随着互联网技术的进步，大多杀毒软件都具备了云查杀的能力，一旦发现新的蠕虫变种，云端病毒库会立刻更新。防火墙和操作系统的升级也使得蠕虫混入系统变得十分困难。

一计不成，又生一计。既然混入"城内"搞破坏愈发困难，于是,在"城外"从事破坏活动——用邮箱炸弹在城外"轰炸"计算机系统,就成为黑客们的另一个选择。

邮箱炸弹又叫电子邮件炸弹,这是一种隐匿而且高效的攻击手段。黑客通过设置,能使一台机器不断且大量地向同一地址发送电子邮件,能够很快耗尽接受者网络的带宽。由于这种攻击方式简单易用,也有很多发匿名邮件的工具,而且只要对方获悉你的电子邮箱就可以进行攻击,因此,邮箱炸弹是最需要我们防范的一类攻击。

阻止邮箱炸弹的方法也不复杂,用户可以在邮箱中安装一个过滤器(比如 E-mail Notify),防患于未然,可以通过禁止接收来自特定 IP 的邮件的方式阻断邮箱炸弹的输入,还可以通过 PoP-It 之类的邮箱工具清除这些垃圾信息。如果问题仍然没有解决,那么拿起电话向你上网的 ISP 服务商求援吧!他们会采取办法帮你清除邮箱炸弹。

本节我们主要介绍了三种黑客常用的攻击方式,随着互联网和计算机技术的日新月异,各家黑客也屡出奇招,费尽心机钻研各种新奇的招式,意图攻破电脑系统的"城堡"。但万变不离其宗,密码破译、漏洞攻击、病毒植入仍然是简单可靠、久经考验的入侵方式,黑客们让人眼花缭乱的各种"奇招"也多是这三种基本套路的组合或变种。那么,面对来势汹汹的黑客攻击,我们如何应对才能保证电脑系统这座"城堡"的安全稳固呢?第四节就将为大家介绍几种防御攻击的方法。

第四节 黑客攻击的防御术

为了攻破电脑系统这座"城堡",黑客可谓殚精竭虑、煞费苦心,不仅在城外布置了邮箱炸弹和蠕虫病毒等"攻城部队",还利用后门和木马在城内安插"间谍",并利用"流光"等密码破译软件企图获得进入"正门"的口令。面对武装到牙齿的入侵者,"城堡"内的"安保人员"自然不能等闲视之。"兵来将挡,水来土掩",针对黑客攻击的手段和特点,电脑系统的防御技术应运而生。

新的数字加密技术令"流光"等密码破解软件退避三舍;防火墙则能关闭不使用的电脑端口,禁止特定端口的流出通信,封锁特洛伊木马,拒绝来自不明入侵者的所有通信;而动态防御系统和云查杀技术则大大提升了杀毒软件的查杀效率,增强了系统在面对未知病毒时的抵抗能力……

针对黑客"走正门""秘密潜入"和"破坏城堡"的攻击方式,网络安全专家对症下药,给出了"安装防盗门""竖起高墙"和"加强军备"的防御高招。下面我们就来具体了解这三种系统防御技术。

一、数据加密技术：为电脑系统装上"防盗门"

前一节已讲到，黑客往往通过欺骗、破解和拦截等方式窃取计算机的通信数据，借此窥得计算机密码。数据加密技术则很好地解决了以上问题。如果没有密钥，经过加密的数据即使落到黑客手中，他们也很难获取其中的信息。数据加密技术已经成为现代通信安全的重要保障。

数据加密解密的过程并不复杂。简言之，这一技术在数据传输的过程中增加了"编码"和"解码"的环节：用户利用电脑传输信息时，加密技术会按照一定的规则对内容进行重新编排，经过编排之后的信息在外人看来只是一堆乱码，但接收者收到之后，系统会按照相同的规则对内容进行解码还原，从中提取有效的信息。即使黑客截取了传输数据，也会因为不谙解码规则而无法解读，经过加密之后的密码也不易被"流光"之类的软件破解。

最早具有数据加密意识的是古罗马的杰出军事家恺撒大帝。战争时期，恺撒为了保证与将领们通信的安全，曾下令把明文中的每一个字母用它在字母表上位置后面的第三个字母代替，这样，在恺撒密码中，D 相当于明文中的 A，E 相当于明文中的 B，以此类推。

用现在的眼光来看，恺撒密码是一种十分简单的单密钥加密技术，即发送者和接收者使用相同的密钥对消息进行加密和解密。仍以恺撒密码为例，恺撒密码的密钥即"密文 D= 明文 A，密文 E= 明文 B, 密文 F= 明文 C, ⋯⋯", 无论是编码者还是译码者, 都要按照这一规则进行编码或释码。从简单的恺撒密码到复杂的 DES[1] 密码, 运用的都是这种单密钥加密技术。这样就产生了一个密钥管理的问题: 发送者如何将密钥不露声色地告诉接收者? 如果在网络上传输宝贵的密钥, 很难保证它不被黑客们截获。

双密钥加密技术的出现很好地解决了这一问题。双钥密码算法是一种将加密密钥和解密密钥设置为两个不同密钥的密码算法, 它使用了一对密钥: 一个用于加密信息, 另一个则用于解密信息, 发送者可以将加密密钥公开而仍保留解密密钥, 任何人都能用公开的加密密钥发送加密信息, 但却只能通过唯一的解密密钥来解读密文。在网络时代, 双密钥密码使得通信双方无须事先交换密钥就可进行保密通信。

RSA 算法[2] 就是目前公认的十分安全且应用广泛的双钥密码算法。它利用了数学中的单向性原理, 简言之, 就是逆向运算难于正常运算的规律: 除法比乘法难, 开方比乘方难 ⋯⋯ 就 RSA 算

---

[1] DES 全称为 data encryption standard, 即数据加密标准, 是一种使用密钥加密的块算法。1977 年被美国联邦政府的国家标准局确定为联邦资料处理标准 (FIPS), 并授权在非密级政府通信中使用, 随后该算法在国际上广泛流传开来。

[2] RSA 公钥加密算法是 1977 年由罗纳德·李维斯特 (Ron Rivest)、阿迪·萨莫尔 (Adi Shamir) 和伦纳德·阿德曼 (Leonard Adleman) 一起提出的。1987 年首次公布, 当时他们三人都在麻省理工学院工作。RSA 就是他们三人姓氏开头字母拼在一起组成命名的。

法而言,解密密钥很难通过公开的加密密钥推算出来,这种难度体现在对 n 的因式分解上,因而 RSA 算法的基础就是这样一个事实:将两个大质数相乘十分容易,但是想要对其乘积进行因式分解却极其困难,因此可以将乘积公开作为加密密钥。

RSA 是目前最有影响力的公钥加密算法,能够抵抗目前为止已知的绝大多数密码攻击,已被国际标准化组织(ISO)推荐为公钥数据加密标准,因此被广泛地应用于邮件加密、电子签名和 TPC 安全协议之中。现今,只有短的 RSA 钥匙才可能被强力方式解破,只要其钥匙的长度足够长,用 RSA 加密的信息基本上是不可能被解破的。

任何事物都有盛有衰,在分布式计算和量子计算机理论日趋成熟的今天,对大整数进行快速的因式分解不再是镜花水月,RSA 加密安全性已经受到了巨大的挑战。但在新的算法尚未成熟之前,RSA 算法仍然是目前最安全的数据加密技术。

二、防火墙技术:阻断黑客访问的"高墙"

黑客的非法入侵和秘密访问令互联网用户头疼不已,不论是个人电脑还是公司,都不希望把自己的隐私暴露给黑客。如何拦截非法访问、保护用户隐私成为网络安全专家们极为关注的问题,网络防火墙正是在这种呼声中应运而生的。

防火墙是一个搭建在服务器和互联网之间的访问审核系统,

它犹如一面保护墙一样横在被保护的内部网络和不被信任的外部互联网之间。多数黑客攻击是通过互联网实现的,而防火墙则承担着过滤、甄别、筛选黑客非法访问和用户的合法访问的责任。检查内网与外网的交流数据,对符合安全要求的数据"予以通行",把非法访问请求"拒之门外",是防火墙的主要任务。

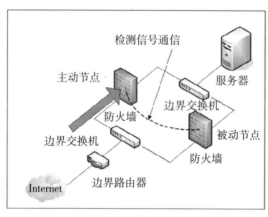

防火墙示意图

一般而言,防火墙主要由服务访问规则、验证工具、包过滤和应用网关四个部分组成。

访问规则是建构防火墙系统时首先要考虑和设计的内容。访问规则决定了防火墙会将什么信息放进来,什么信息踢出去。制定科学合理的访问规则能使防火墙有效地拦截恶意访问,而模糊含混的访问规则会使防火墙误截正常访问,影响信息交流,因此,制定科学合理的访问规则需要网络管理者和安全专家共同商讨决定。

验证工具就像是一个探测器,监测着每条访问的"身份信息"。它会对每条访问请求加以审核,一般而言,合法的请求会自带一个"身份标签",验证工具能够检测到合法请求的"身份标签",提示系统"放行"。非法的请求往往没有这种"身份标签",验证工具在检测到没有"身份标签"的访问请求之后会自动提示系统,对这类访问进行进一步的甄别,判断是否允许其访问。

包过滤则是拦截行为的具体执行者。它在网络层截获网络数据包,对数据包进行分析、选择,通过检查数据流中每个数据包的源 IP 地址、目的 IP 地址、源端口号、目的端口号、协议类型等因素或它们的组合来确定是否允许该数据包通过。包过滤在网络层能为用户提供较低级别的安全防护和控制。

如果说包过滤还是在数据层面为用户提供安全防护服务,那么应用网关则是在应用程序和服务器程序层面进行信息过滤和访问筛选。它是基于软件的,能针对特别的网络应用协议制定数据过滤逻辑。当内部网络向外部网络发出远程连接请求时,应用网关会在内部网络和外部网络之间建立一道逻辑屏障,如果应用网关检查客户机的这个连接符合指定的要求,客户机的真实请求就可以由应用网关实现协议转换,从而建立一条内部主机和远程主机的逻辑连接。

不论是设计简单的包过滤还是精巧复杂的网络关口,其本质都是一个信息过滤器,防火墙检测着内外网络之间的信息流动,保护内部的敏感数据不受破坏,记录内外信息交换的动态。随着技术的不断进步,防火墙技术也越来越"智能"。针对传统防火墙"防外不防内"的弊端,最新一代的防火墙增加了双向监测功能,不仅能监测外部入侵,还能防止内部人员把敏感信息传送出去,从而有效避免了"日防夜防,家贼难防"的尴尬。

三、病毒查杀技术:斩杀病毒木马的"利剑"

面对来势汹汹的病毒大军,系统城堡里的"警卫"们自然也不敢懈怠,防控、甄别、消灭混入系统内的"坏蛋"一直是杀毒软件最主要的任务。从 1989 年全球第一款杀毒软件 McAfee 诞生到今天,杀毒软件已有 29 年的历史。在这 29 年间,互联网的发展速度惊人,各类病毒层出不穷,病毒监测与查杀技术也因时而变、不断更新。从早期基于简单特征码的杀毒到如今的动态防御和云查杀技术,我们发现,杀毒软件也在逐渐向智能化、动态化的方向发展。

1990 年左右,中国大陆的杀毒软件市场基本由 KILL 一统天下。第一代病毒对比技术叫检验法,这种方法只能对电脑是否被病毒感染做出判断,并不具备病毒清除能力。不过,这种方法却孕育出了真正的反病毒技术王者:特征码技术。

特征码属于第二代反病毒引擎,不但开了清除病毒的先河,也为以后反病毒技术的发展打下了坚实的基础。时至今日,该技术仍然是反病毒软件的主要技术,百度和腾讯所开发的自主反病毒引擎,其核心也是这一技术。

简言之,这种技术查毒主要通过病毒的特征来进行判断。一般而言,作为盗贼的"病毒"在代码编写上会具有一些特征,比如,有 10 种病毒都使用了一段相同的破坏硬盘的程序,那么把这段程序代码提取出来作特征码,就能达到用 1 个特征码查 10 种病毒的功效。这个技术的出现使得一些"变形不变种"的病毒无处遁形,但也使误杀率大大提高 —— 某些在代码特征上与病毒相似的正常程序也被视作病毒一同被"消灭"了。

广谱特征码"胡子眉毛一把抓"的查毒方式当然不是人们理想的结果,而且这种技术还存在一个缺陷,就是所有特征码必须存到电脑内存中读取,而且还只能对已知病毒进行查杀。网络时代,病毒瞬息万变,有限的本地病毒库远远不能应付网络中未知的危机。于是,"启发式杀毒"和"云查杀"的概念被提了出来。

所谓"启发",指的是"自我发现的能力"或"运用某种方式或方法去判定事物的知识和技能"。一个运用启发式扫描技术的病毒检测软件,实际上就是以特定方式实现的动态高度器或反编译器,通过对有关指令序列的反编译逐步理解和确定其蕴藏的真正动机。这是一种通过行为判断、文件结构分析等手段,在较少依赖特征库的情况下能够查杀未知的木马病毒的新技术,能适应瞬息万变的网络环境,对各类病毒作出准确的判断。

云查杀则彻底抛弃了本地病毒库,每一台电脑都与杀毒软件的"云端"相连,用户不需要去下载任何病毒库和木马库,当然也不需要升级病毒库和木马库,只要在服务器端发现任何木马病毒,客户端的查杀程序就能立刻做出反应。

本节我们主要介绍了三种防御黑客攻击的技术,分别是数据加密技术、防火墙技术和病毒查杀技术。在与黑客的交锋中,这三类技术是我们保卫网络安全的利器。随着黑客入侵手段的不断迭代,防御技术也必须因时而变、不断更新。

💬 讨论问题 ···

1. 小明和小东阅读了有关黑客的科普书之后对黑客的分类很感兴趣,对"黑帽""灰帽"和"白帽"的分类感到好奇,请问:

(1)黑客真正变"黑"的标志是什么?

(2)"黑帽""灰帽"与"白帽"的本质区别是什么?

2. 君君的爸爸买了一台新的笔记本电脑,同事王叔叔提醒他要定期更换登录密码、安装最新的防病毒软件以预防邮箱炸弹和木马的攻击。请问:

(1)为什么要定期更换电脑密码?

(2)如何预防邮箱炸弹?

(3)木马对电脑系统有什么危害?

第四章

著名黑客人物与黑客事件

主题导航

1 国内著名的黑客人物

2 国外著名的黑客人物

3 举世瞩目的黑客事件

　　《黑客帝国》中神秘莫测的黑客形象极大地满足了人们对黑客这一隐形群体的想象,但电影毕竟只是虚构,在现实生活中,这群拥有高超编程技术的电脑狂人们究竟是怎样的一个群体? 传说中的"黑客大战"又是否如电影中描述的那样炫酷? 黑客是否真的具有毁灭世界的能力? 黑客们又有哪些惊世之举? 本章将详细介绍几位在国内外黑客圈内享有盛誉的黑客"大咖",并讲述那些举世瞩目的黑客事件。

第一节 国内著名的黑客人物

你知道吗？

对于普通人而言,黑客是一个遥不可及又充满神秘色彩的群体。多数人对于黑客的认识来自于电影《黑客帝国》的描述:他们大多身材瘦削、神色肃穆,笔挺的黑色西装和炫酷的黑色墨镜是他们的标志性"行头",手中的公文包和笔记本电脑绝不离身;面对敌人时,他们头脑冷静、身手敏捷,兼具特种兵的体魄与政治家的韬略……

受惠于电子计算机的普及和互联网技术的发展,现在的世界正在变成一个互通互联的"地球村":人们足不出户就能通过智能手机或个人电脑"阅尽天下事"。但同样,无处不在的互联网也使得黑客们获得了更多展示身手的机会:他们中的佼佼者甚至可以用他们高超的电脑技术对区域乃至全球的政治经济局势产生影响。数字时代成就了黑客,而他们也将成为信息浪潮中最得意的弄潮儿……

一、黄鑫（Glacier）：木马"冰河"的最初作者

"90后"和"00后"的年轻一代可能对"冰河"感到陌生，但对于"80后"而言，称"冰河"是中国黑客与病毒的代名词也不为过。"冰河"，一款经典的国产木马，甫一出现便因其简单易懂、功能强大和难以查杀等特点迅速成为大批初级黑客手中的武器，它让电脑技术并不高超的初级黑客变得极具攻击力。那个时候，百度贴吧游戏论坛中充斥着"冰河盗号收徒"和"二手游戏账号出售"的信息，而黄鑫正是木马"冰河"的最初作者。

2000年之前，中国黑客主要运用BO和NetBus等外国人编写的木马程序施行网络攻击，这些外国木马操作复杂、语言晦涩，让不少初涉黑客技术的新人们望而却步。由于在国际上"曝光率"较高，这类木马也很容易被主流杀毒软件查获。出于对自己技术的自信，1999年6月，黄鑫推出了"冰河"的最初版本。

很快，"冰河"就凭借其简洁方便的操作和强大的功能成为国内黑客使用最广泛的木马。有一段时间，"黑客"曾被外行人曲解为"会用'冰河'黑别人电脑的人"，木马"冰河"的影响力可见一斑。

有趣的是，虽然"冰河"曾帮助过无数菜鸟黑客窃取他人的账号，被无数初级黑客受众奉为盗号"神器"，但黄鑫最初开发这个软件的目的只是方便自己远程控制自己的电脑。黄鑫从未入侵过任何一个网站，更未用它入侵过任何一台私人电脑。对黄鑫

而言,技术比利益更具有吸引力,当看到自己以单纯动机开发出来的软件被他人用于违法犯罪时,他也深感无奈。

值得一提的是,虽然原作者对"冰河"的更新早已停止,但许多好事者却不断对"冰河"程序进行修改,"冰河3.0""冰河5.0"等修改版在网上屡见不鲜,有人甚至将"冰河"修改为付费软件并以此牟利,这引起了黄鑫的注意。为了彻底消除"冰河"所带来的不良影响,黄鑫编写了一款名为"冰河陷阱"的软件,专门用于对付各类"冰河"木马。

作为一个技术高超的软件专家,黄鑫始终认为技术研究的最终目的是在自由和开放的环境中发挥每个人的专长,对于黑客而言,破坏网络系统和危害社会安全是绝对不可取的。正是出于这个目的,黄鑫在2000年年底加盟了著名网络安全站点"安全焦点",成为一名网络安全工程师。2005年,他又与妻子王娟在深圳创办网络安全公司"大成天下",变身成为网络公司的老总。

二、肖新光(江海客):技术与理性兼具的黑客

肖新光是东北人,早年曾就读于哈尔滨工业大学自动控制系,是中国早期著名的黑客。与一些热衷于入侵系统和破坏网络安全的黑客不同,肖新光的兴趣在于反病毒、数据恢复和黑客伦理。1997年开始,肖新光就以"江海客"的笔名活跃在各大安全论坛之上,撰写了大量与终端安全、数据恢复和反病毒有关的技

术帖子和批评性文章。

在黑客圈内,肖新光是少数兼具高超技术与批判式思维的人物。他曾批评由国内网络安全巨擘王江民所创立的 KV 系列杀毒软件,通过逆向分析,他指出了 KV 系列中存在的种种不足并直言 KV 与国际知名杀毒软件卡巴斯基还有相当的差距。在当时,这种比较可能会被网民扣上"崇洋媚外"的大帽子,但肖新光还是直言不讳。

1998 年,CIH 病毒大爆发,这款由台湾人编写的病毒迅速席卷全球,被西方人称为"病毒之母"。CIH 是继 DOS 病毒、视窗病毒、宏病毒之后的又一新型病毒,专门感染 Windows 系统中的应用程序,该病毒会造成主板损坏、重启失败、硬盘数据丢失等一系列严重后果。在国内的主流杀毒软件公司纷纷认为被 CIH 破坏的 C 盘数据无法恢复的时候,肖新光却发现多数情况下 CIH 对计算机 C 盘的破坏是可逆的。他在网上发表了一篇手工恢复 C 盘数据的技术帖,这令无数电脑的 C 盘数据得以恢复。

20 世纪末 21 世纪初,在由中美南海危机引发的中美网络黑客大战中,肖新光一直以冷静的目光审视着这场民间黑客大战,对黑客伦理的思考也更加深入成熟。肖新光并不赞同双方黑客这种群众运动式的疯狂,认为中国黑客应该尽快摆脱民族主义的桎梏,建立起基于技术的正义感和基本的商业伦理。

2000 年,肖新光等人在哈尔滨创立了安天实验室并担任实验室的首席技术架构师,从而正式成为一名职业的网络安全工作者。

2006 年后,肖新光推出了针对教育网的"捕风密网"系统和"探云"病毒监控体系两项公益计划,后者旨在提高反病毒软件对新型病毒的侦测和应变能力,获得了业内人士的好评。

2008 年,肖新光入选北京奥运会网络安全应急专家组名单,成为为奥运安全保驾护航的"黑客"之一。

同黄鑫一样,肖新光从未入侵过一台电脑、一个网站,相反,他一直投身于反病毒、反恶意代码的工作,致力于成为公众网络安全的护航人。作为著名的白帽黑客,肖新光的贡献不仅在于对计算机技术的追求,更体现在他对黑客的道德伦理、工作底线与存在意义的思考上。

三、陈盈豪:"病毒之母"的始作俑者

1998 年 6 月 2 日,中国台湾出现一款名为"CIH"的病毒,在随后的几个月里,CIH 病毒以极快的速度在世界范围内传播,美国、欧洲和中国大陆的无数台计算机遭到感染破坏。截至 1999年 4 月,全球共有六千万台电脑因感染 CIH 病毒而受损,全球损失超过十亿美元。

CIH 病毒是一种能够破坏计算机硬件系统的恶性病毒,以Windows 操作系统下的应用程序为感染目标,不仅能破坏电脑中的数据,还能对硬盘、主板等硬件造成损伤。因 CIH 是一款不同

CIH 病毒的运行界面

于 DOS 病毒、视窗病毒和宏病毒的新型病毒,故而西方人将 CIH 称为"病毒之母",其影响力可见一斑。

陈盈豪并不知道,当初他因对杀毒软件虚假广告的不满而设计出的 CIH 病毒会引发一场全世界范围内的病毒危机。

从大一开始,陈盈豪就痴迷上了电脑,经常去网上下载软件和游戏,也常常遭遇电脑病毒。他在报纸上看到许多广告做得天花乱坠的防病毒软件,买回来之后却发现往往什么用也没有。他觉得自己被杀毒软件厂商欺骗了,于是产生了设计病毒的念头。而设计 CIH 病毒的初衷只是想让一家在广告上吹嘘"百分之百防毒"的杀毒软件厂商出出洋相,设计好的 CIH 病毒被放在学校的电脑内并且加上了"病毒"警告语。然而,不知怎么的,这种病毒竟然流传了出去。更令人感到意外的是,当警方找到陈盈豪劝说他拿出"解毒"程序时,陈盈豪竟表示他不会"解毒",最终陈盈豪联系上了台湾淡江大学的学生翁世同。这位翁同学对 CIH 病毒颇有研究,他很快就给陈盈豪寄来了"解毒"程序,并且发布在网上。

当时台湾地区并无相关的规定,而民事方面也没有受害者提出赔偿要求。陈盈豪最终获得不起诉处分并被释放。

陈盈豪因为 CIH 病毒一举成名,成为举世闻名的黑客,但这次经历也令他对网络犯罪心有余悸。CIH 病毒风波之后,陈盈豪选择投身咨询行业,如今的他已成为集嘉通讯公司手机研发中心的主任工程师,工作以研究手机操作系统为主,他试图开发更符合人性的智能手机操作系统。

四、李俊:病毒"熊猫烧香"的作者

如果我们在街头做一次随机调查,问路人"你最熟悉的电脑病毒是什么",再根据反馈信息制作一个病毒影响力排行榜的话,那么"熊猫烧香"病毒一定名列前茅。

2007 年,这款病毒通过局域网、门户网站和 U 盘的方式肆虐于中国各地的计算机之中。与"冰河""灰鸽子"等木马病毒不同,这是一款经过多次变种、极具破坏力的蠕虫病毒,它不仅很恶趣味地将被感染的计算机系统中所有可执行文件的图标全部变成熊猫举着三根香的模样,更能造成计算机系统蓝屏、重启频繁和硬盘数据遗失等严重后果。更可怕的是,"熊猫烧香"病毒还会盗取受感染电脑的游戏账号、QQ 账号等个人信息,控制中毒电脑访问一些按流量收费的商业网站。因能带来巨大的商业价值,

"熊猫烧香"病毒的广泛传播，对网络安全造成了极大的破坏，一时间国内的计算机用户谈"毒"色变、人人自危。

在公安部门和反病毒专家的不懈努力下，"熊猫烧香"病毒的作者终于浮出水面。

该病毒的作者名叫李俊。

"熊猫烧香"会将被感染电脑中所有可执行文件的图标改成熊猫举三根香的模样

令人感到意外的是，他并没有接受过系统而专业的计算机教育，甚至没有上过大学，他的大部分电脑技术都是通过看书自学得来的。李俊的弟弟李明回忆说，哥哥李俊小时候学习成绩不错，但由于种种原因并没有念高中，而是选择在李俊父母所在工厂办的一所技校就读。

据李俊本人交代，他的梦想是入职网络安全公司，成为一名网络安全工程师，但现实是由于他学历太低，在求职时处处碰壁，他感到空有一身技术却无处施展，于是萌生了制作病毒的念头。对李俊而言，制作"熊猫烧香"病毒既能借此牟利，又能展示自己的技能。

2014年1月8日，浙江省丽水市莲都区人民法院依法一审审结了曾因制造并传播"熊猫烧香"计算机病毒而引发社会关注的李俊和张顺伙同他人开设网络赌场案。李俊、张顺被法院以开设赌场罪分别判处有期徒刑三年和五年，并分别处罚金8万元和20万元。

一个自学成才的电脑高手不懂得珍惜自己的聪明才智，却动起了违法犯罪的歪脑筋,李俊的经历既令人唏嘘,也发人深省。他的故事告诉人们,即使拥有再高超的电脑技术也不能从事破坏社会稳定和威胁国家安全的活动,否则一定会自食恶果。

五、汪正扬:中国年纪最小的黑客

12 岁的时候你在做什么? 也许很多人会回答"玩游戏""写作业"或者"背课文",然而在 2014 年 9 月,一名 12 岁的小朋友作为中国互联网大会的演讲嘉宾在媒体前亮相。他叫汪正扬,是中国年龄最小的黑客。

2002 年出生的汪正扬是北京人,曾就读于清华附中的初中部。汪正扬曾告诉记者,早在读小学二年级的时候他就玩腻了"网上偷菜"(曾经很火的一款网络小游戏)。对网络小游戏感到厌烦的汪正扬突然萌发了自己写程序的念头,但学校老师并不会教授编程语言的相关知识,他就只好看书自学。对年幼的汪正扬而言,这的确是个不小的挑战。写代码所用的语言全是英文。汪正扬说,在最初学习 VB 语言的时候会遇见很多生词,他需要一个字母一个字母地记单词,遇见复杂的单词还要翻词典、查百度,因此进度一直很慢。

幸运的是,汪正扬的爸爸一直鼓励他坚持下去。他不仅为汪正扬买了各种电脑书籍,还给他配置了一台最顶配的笔记本电脑。汪正扬说,他在这台电脑上写了五年代码,连键盘都敲坏了。

2014年,汪正扬在互联网大会上发言

汪正扬的辛勤付出最终没有白费。2014年4月27日,在北京市的一次网络安全教育活动中,年仅12岁的汪正扬当场向360奇虎的安全专家表示自己掌握了一个可能影响上百家教育类网站的安全漏洞。4月28日,他在360"库带计划"官网上提交了漏洞说明材料。

从严格意义上讲,汪正扬所提供的口令漏洞并不是一个真正高危的网站安全漏洞,是一种非常普遍的网络安全隐患。而且,由于攻击成本低,攻击效率高,弱口令漏洞往往是黑客入侵网站时首先攻击的对象。因此,对于年仅12岁的汪正扬而言,能够发现这些安全隐患已经难能可贵。

作为全国年纪最小的黑客,汪正扬有着自己的原则和底线。"我的目的是帮助网站修补完善。"汪正扬自己只是发现了那些网站漏洞。相较于"黑客"的称谓,他更喜欢别人称他"白帽"。

关于未来,汪正扬希望通过自己的努力获得去著名大学深造的机会,继续学计算机,未来也有可能会选择创业。

与一些利用自己的电脑技术从事破坏活动的黑客不同,汪正扬钻研电脑技术的目的是服务社会,维护网络安全。所以,人们都对这位动机单纯、心地善良的年轻"黑客"抱有好感。

第二节 国外著名的黑客人物

💡 你知道吗?

国外,或者说西方是黑客的"故乡",而事情的发生又是围绕特定的人或群体展开。本节将为你讲述国外著名黑客人物,包括凯文·米特尼克、罗伯特·莫里斯、爱德华·斯诺登、比尔·盖茨。走近他们是了解黑客的必要方式。

一、凯文·米特尼克:世界头号电脑骇客

在这个世界上,也许没有一个黑客的经历能像凯文·米特尼克一样传奇而跌宕:3 岁时父母离异,小学辍学后自学电脑技术,15 岁时就有能力入侵"北美空中防务指挥系统"的主机,在躲避 FBI 的追捕时还不忘攻破警方的电脑系统,获取他们追踪自己的资料……传奇般的经历使他获得了众多标签:他被称为"世界上最传奇的黑客",也有人将他称为世界上"头号电脑骇客",他是世界上第一个因网络犯罪而被捕入狱的人,同时也是畅销读物《反欺骗的艺术》一书的作者。

1963 年 8 月 6 日,凯文·米特尼克出生于美国洛杉矶的一个中下阶层家庭。父母在他 3 岁的时候离婚,此后他一直跟着母亲劳拉生活。长时间的单亲家庭生活使他变得沉默孤僻、不善交际,学习成绩也乏善可陈,而事实上,米特尼克是一个思维敏捷并且具有钻研精神的少年。

20 世纪 70 年代,还在上小学的米特尼克迷上了无线电技术,经过刻苦钻研,他终于成为这方面的高手。后来他又对计算机技术着

凯文·米特尼克的著作
《反欺骗的艺术》

迷,在社区的"小学生俱乐部"里习得了计算机的专业知识和操作技能。他十分迷恋入侵计算机网络后所获得的那种巨大的权力感并一发不可收拾。直到有一天,老师发现他用学校的计算机入侵外部的网络系统,校方对此十分愤怒,米特尼克不得不因此退学。

校方的处分并没有浇灭米特尼克对计算机技术的似火热情。当时美国互联网发展才刚刚起步,家用电脑不仅和企业、大学相通,甚至能直接连接政府部门,一个疯狂而大胆的计划在米特尼克脑中形成了——他要入侵美国国防系统。

凭借着高超的技术和异乎常人的毅力,米特尼克终于成功入侵"北美空中防务指挥系统"的计算机主机。他在那里翻遍了美国指向苏联及其盟国的核弹头的数据资料,又悄无声息地溜了出来。这成为黑客历史上一次经典的入侵之作,那一年,米特尼克只有 15 岁。

在成功入侵美国国防系统后,米特尼克信心大增。之后,他曾入侵过美国的"太平洋电话公司"并删改了一些客户的信息,这使得该公司不得不对受损客户做出赔偿。

电脑技术日益精纯的米特尼克越来越沉浸于入侵系统所带来的快感中,他开始谋划入侵 FBI 的网络系统并最终获得成功。此时这个技术高超的黑客也进入 FBI 的视野,他们开始谋划对米特尼克的追捕。过于自信的米特尼克根本没把 FBI 的追捕放在眼里,也正因此,米特尼克最终被捕入狱,成为世界上第一个因网络犯罪而被捕的人。

从未成年犯管教所保释出来后,米特尼克并没有就此罢手,脆弱的网络系统对他具有强大的吸引力。他的攻击目标转向商界。很快,五家大公司的网络系统被米特尼克攻破,造成了巨大的经济损失。1988 年,年仅 25 岁的天才黑客再度入狱,他被判处 1 年有期徒刑,不得保释,并且禁止从事与电脑和互联网相关的工作。

出狱后的米特尼克与 FBI 玩起了一场惊心动魄的"躲猫猫":FBI 想诱惑他再次攻击网站并以此为由将他抓回监狱,但身手不凡的米特尼克在入侵 FBI 的系统之后发现了他们的企图,在追捕令签发之前就已经逃之夭夭。在逃避追捕的过程中,米特尼克还不忘入侵警方的电脑系统,查阅 FBI 追踪他的部署与进程。

经过一番周折,FBI 在日裔美籍计算机专家下村勉的帮助下终于将米特尼克追捕归案。这一次,法庭判处米特尼克 4 年有期徒刑。米特尼克的被捕引起了全世界黑客的关注,他们不断攻击各大政府网站,要求释放米特尼克,甚至还专门建立了一个名叫"释放凯文"的网页。然而这一切并不能改变法庭的判决。1999 年,米特尼克刑满出狱。

如今的米特尼克已经成为一名专业的网络安全咨询师,他开办网络公司、出版畅销书,并时不时地在全世界做巡回演讲。

二、罗伯特·莫里斯:打开蠕虫病毒"潘多拉魔盒"的人

罗伯特·莫里斯出生在一个高级知识分子家庭,其父老莫里斯就是美国一位著名的计算机专家,他曾被视作计算机领域里的"原创思考家"。更有消息称,老莫里斯甚至还在美国首次网络战争中发挥着不为人知的关键作用。沉溺于专业领域的老莫里斯可能最想要的就是一个隐秘、安全、舒适的工作环境,然而1988年的一次病毒事件,却将他们父子推上了舆论的风口浪尖。

这一切都源于他的儿子小莫里斯的一次尝试。

1988年,小莫里斯还是康奈尔大学计算机科学专业的一名大学生。在一次心血来潮的试验中,他将一个自己设计的电脑病毒送入了当时美国最大的电脑网络——"互联网"。这种被称为"蠕虫"的新型病毒在互联网终端上如鱼得水,疯狂地进行自我

蠕虫病毒感染电脑的漫画(来源:网络)

复制和自我传播。用户坐在电脑屏幕前,目瞪口呆地看着内存被"蠕虫"一步步蚕食、硬盘中的资料也被删改一空,短短的 12 个小时内,就有 6000 台电脑因感染蠕虫病毒而系统瘫痪,在 1988 年,这相当于全球连上互联网的电脑总数的 10%。

小莫里斯本人对此结果也目瞪口呆。事后,他承认自己释放"蠕虫"的初衷只是想要测算当时互联网的规模,但由于程序本身的设计失误,"蠕虫"在被输入互联网后进行了疯狂的传播与扩散,最终造成了 1500 万美元的经济损失。

认识到自己打开"潘多拉魔盒"的小莫里斯决定向联邦调查局自首。虽然他闯下了弥天大祸,但当时对制造和传播电脑病毒案件的量刑和定罪尚有争议,最终,小莫里斯被判处 3 年缓刑,罚处 1 万美元的罚金,以及为社区做 400 小时的义务劳动。

"蠕虫"事件之后,美国国防高级研究计划局(Defense Advanced Research Projects Agency,简称 DARPA)组建了计算机紧急反应小组,以应付此类网络安全事件,美国总统里根甚至因此签署了《计算机安全法令》。

而重罪轻罚的小莫里斯最终在哈佛大学获得了计算机科学的博士学位,如今是麻省理工学院的一名计算机教授。但由他所开拓的蠕虫病毒至今仍横行于世,威胁着世界各地的网络安全。而比蠕虫病毒的危害更为深远的是,追求技术和共享的黑客传统开始中断,黑客从此真正变黑,人们对黑客的刻板成见也开始不可逆转。从这个角度来看,罗伯特·莫里斯的确是打开"潘多拉魔盒"的人。

三、爱德华·斯诺登:"棱镜门"事件的主角

2013年6月,英国《卫报》的记者格伦·格林沃尔德终于在中国香港的一家酒店见到了美国"棱镜"项目的知情人、曾经供职于中央情报局(CIA)的计算机专家爱德华·斯诺登(Edward Snowden)。此前,斯诺登曾表示要当面向他揭露美国政府一项名为"棱镜"的秘密项目。香港会面之后,斯诺登给了格林沃尔德两份绝密资料。几天后,美国政府通过互联网监视民众的"棱镜"计划被《卫报》曝光。一时间,全球各地都在谴责美国政府这种监视行为。"棱镜门"则被媒体越炒越热,斯诺登也成为无人不知、无人不晓的世界名人。

爱德华·斯诺登近照

斯诺登是谁？他都干了些什么事？什么原因令他敢于以身犯险，曝光美国政府的所作所为？

爱德华·斯诺登，1983年6月出生于美国北卡罗来纳州的伊丽莎白市。与那些年少成名的天才黑客不同，少年时代的斯诺登在学业上并不尽如人意，唯独在计算机上天赋异禀。

1999年，父母甚至为了帮助他获得高中文凭而举家搬迁到马里兰州埃利科特市，让他在安妮·阿伦德尔社区学院学习计算机专业以补足学分，但斯诺登最终并没有获得高中文凭。

2004年，21岁的斯诺登决定参加美国陆军，他想要去伊拉克"解救那些被压迫的人"。然而天逆人愿，在一次训练中斯诺登不幸受伤，军方认为他的身体条件不适合继续待在部队，斯诺登因此被迫退役。

离开陆军之后的斯诺登在中情局谋得了一个技术保安员的职位。凭借着出众的电脑技术，斯诺登迅速获得提升。2009年，斯诺登离开中情局，在戴尔公司短暂任职之后，他选择加入博思艾伦公司。博思艾伦是一家拥有很深的军方背景的电脑公司。作为美国国防部的项目承包商之一，博思艾伦公司深度参与了美国国家安全局（以下简称NSA）的"棱镜"计划。这一计划意在通过互联网来监控全球的通信，实现美国政府"精确反恐"的目的，实际则为美国政府监控民众和窥探盟友提供了很大便利。

当斯诺登了解到"棱镜"计划将侵害民众的隐私权时，他对这项秘密工程感到良心不安。虽然当时斯诺登每年已经能拿到高达二十万美元的年薪,但他最终还是决定放弃这一切。

做好准备后,斯诺登向公司请了假,在 2013 年 5 月 20 日离开夏威夷前往香港,藏身在那里的一家酒店。

斯诺登说自己之所以愿意牺牲所有的既得而公布美国政府的这一计划,是因为美国政府试图利用互联网和黑客们建造一个庞大的"全景监狱",在庞大的监视机器面前,所有人的隐私都将不复存在,这令他感到良心不安。

出于斯诺登本人的请求,在机密文件被曝光的数天后,《卫报》和《华盛顿邮报》也公布了斯诺登本人的身份信息。按照传统的新闻伦理,媒体有责任为报料人保密,但斯诺登自愿公布身份:他解释了放弃隐匿权的原因:"我不想隐藏自己的身份,因为我知道自己没有做错任何事情。"

"棱镜门"事件之后,美国官方发起了对斯诺登的追捕。2013年 7 月 2 日,斯诺登向俄罗斯递交政治避难申请;8 月 1 日,他获得了为期一年的俄罗斯临时难民身份。

四、比尔·盖茨:从"网络神童"到世界首富

若想成为一名优秀的黑客,超乎常人的耐性和一往无前的勇气是必不可少的素质。但这并不意味着所有的黑客都只能一辈子躲在社会的背阴面敲代码,也有不少黑客在钻研计算机技术的同时发现了商机,从而进入商界捞到了自己的第一桶金。

在互联网时代,微软创始人比尔·盖茨的大名可谓无人不知、无人不晓。作为全球互联网创业的标杆人物,他从哈佛大学退学、创业,最终缔造微软帝国的传奇事迹被新时代的年轻人传颂。

事实上,盖茨不仅是互联网时代的商业巨子,更是一个技术精湛的计算机专家。13岁时,就读于西雅图某私立学校的盖茨就对数学和编程表现出异乎常人的兴趣和天赋。在20世纪60年代末的美国,电子计算机方兴未艾,盖茨对这种新型机器表现出极大的热忱。那时,他被同学们称作"计算机疯子"。

沉迷于计算机的盖茨还组建了一个名为CCubed的学生俱乐部。可惜当时的电子计算机并不普及,为了能够经常接触和使用计算机,盖茨与一家名为DEC的计算机公司达成协议:俱乐部负责为该公司找寻系统漏洞,而DEC公司则可以让俱乐部学生免费使用计算机。

在为DEC公司"挑刺"的过程中,盖茨的计算机技术日益纯熟,系统似乎成为可供他随意驱遣的奴仆,攻破系统所带来的巨大权力感深深吸引着盖茨。在这种权力感的驱使下,盖茨沉溺于钻研系统的漏洞中不能自拔,很快他就成为一名技艺高超的计算机安全专家。

此时,年少轻狂又身怀绝技的盖茨通过突破各种系统来证明自己。当时,一家名为CDC的控制数据公司建立了一个全国计算机网Cybernet。该公司称,Cybernet是一个绝对安全可靠的网络,而在年少气盛的盖茨看来,这个牛皮实在是吹得太大了。

经过一段时间的研究,盖茨最终攻破了号称绝对安全的Cybernet,他控制了一台外围处理器,在系统内的计算机里一通恶搞。然而,由于作案手法欠高明,CDC公司最终抓住了盖茨。为此,他被关了"禁闭":一年内不得接触计算机。那时,他还只是一名九年级的中学生。

成功攻破CDC的计算机系统使得盖茨在黑客圈内名声大噪。不过,吃一堑长一智的盖茨并没有在"骇客"的道路上继续沉迷,相反,他转而探索计算机和互联网中潜藏着的巨大商机。

当时,还在读中学的比尔·盖茨就认为计算机会变得越来越廉价和普及。当因特尔公司推出8008芯片时,盖茨后来的合作伙伴艾伦意识到,这是第一款为微电脑设计的处理器芯片。两人试验用8008芯片处理交通数据,获得成功后他们成立了一家名叫"交通数据"的公司。尽管这次商业冒险最终以失败告终,但他们看到了软件行业的巨大潜力。

失之东隅,收之桑榆。一家软件公司听说了盖茨在CCubed上的成就,主动邀请他和艾伦去公司从事软件开发工作。当了一年半的职业程序员,盖茨的专业知识和视野都得到了极大提升,而软件公司优厚的收入令比尔·盖茨开始享受知识和技术带来的甜头。

一年半之后,蜜糖般的生活结束了,但对于比尔·盖茨而言,这无疑是一段难忘的经历。他愈发坚信,在不远的将来,互联网会变得更加轻便廉价,这也坚定了他日后投身个人计算机开发的信心。

第三节　举世瞩目的黑客事件

💡 你知道吗？

　　黑客往往会引发举世关注的事件。中美黑客大战、索尼"黑客门"事件、"棱镜门"是我们耳熟的事件，你知道它们的前因后果以及产生了哪些后果吗？正如著名哲学家黑格尔所言，"熟知并非真知"。本节将为你解析这些著名黑客事件背后的故事。

一、中美黑客大战：第六次网络卫国战争

　　2001 年 4 月 1 日，美国海军一架 EP-3 侦察机出现在我国南海领空，中国军方当机立断，派出两架军用飞机对其进行跟踪、监视。北京时间上午 9 点 7 分，美军侦察机突然转向正常飞行的中国飞机。我国一架飞机与美机的左侧机翼相撞，致使我方飞机坠毁，飞行员王伟失踪。

　　美方的这种挑衅行为激起了中国国内强烈的不满，人们纷纷走上大街，抗议美军的这种强盗行径。与此同时，中美黑客之

间发生的网络大战愈演愈烈。4 月 4 日以来,中国境内的网站不断遭受来自美国黑客组织 PoizonBOx 的袭击。对此,我国的网络安全人员积极防备。中国一些黑客组织则在"五一"期间打响了"黑客反击战"。黑客们不仅在网上声讨美国的强盗行为,更希望通过自己的计算机技术回敬美方的挑衅。

在民间黑客组织黑雁联盟和中国红客联盟的策划下,中国民间的黑客自发地组织起来,并通过线上会议的方式拟定了本次网络黑客战的攻击方式和预期目的:通过发送垃圾信息和病毒邮件的方式阻塞美国政府网站,显示中国黑客的力量,并谋求国家之间的和平共处。

经过组织的中国黑客很快表现出强大的破坏力。2001 年 5 月 3 日,据中国红客联盟公布的数据显示,被中国黑客"攻陷"的美国站点已达 92 个。这些网站被中国黑客们放上五星红旗、植入中国国歌,或是在醒目位置贴上"我是中国人"之类的字眼,以宣示占领。

美方黑客也不甘示弱,奋起反击。据当时一位网友透露,5 月 3 日被黑掉的中国网站已经超过 600 个。中国黑客组织绿色兵团的元老万涛说,一个美国黑客组织曾在一次行动中就黑掉了国内 500 余家网站,中方网络安全方面存在的问题也在这次中美黑客大战中暴露出来。

中美黑客大战不仅是中美黑客之间的较量,更引起全世界黑客的分营"助威"。黑客新闻网的格罗夫说,支持美国的黑客主要来自印度、阿根廷、巴西等国家,而韩国、印度尼西亚、日本的黑客则选择支持中国。欧洲著名的黑客团体 WoH(World of Hell)也来凑热闹。不过,WoH 并未表现出鲜明的立场,他们在网上四处侦察、见缝插针,一旦发现网络漏洞就发动攻击。

5月5日,中美黑客大战达到高潮。成千上万的中国黑客对美国白宫网站进行了潮水般的攻击,他们用发送垃圾邮件和恶意访问的方式"塞死"了白宫的服务器。三小时之后,白宫网站恢复正常,有人猜测,白宫方面通过封闭中国区的访问 IP 的方式解决了问题。

2001年5月9日,中国红客联盟宣布在前一天攻破了美国海军三个网站,以此纪念在美国轰炸南联盟大使馆中牺牲的三名中国人,并宣布停止这次网络大战。

虽然这场黑客大战仅持续了短短十天,但却给双方都带来了不小的损失。在这次网络战中,美国约有 1600 个网站被攻破,其中官方网站有 900 多个,中国被攻破的网站有 1100 多个,重要网站有 600 多个。

由此可见,在这次声势浩大的中美黑客大战中,并没有真正的赢家。

二、索尼"黑客门"事件:黑客攻击令跨国公司陷入信任危机

2011年4月,日本索尼公司位于美国加州圣地亚哥市的 PlayStation

(索尼娱乐旗下一款家用电视游戏机)的数据服务器遭到不明黑客的入侵,随后的两个月,索尼开始接二连三地遭到网络匿名攻击。在这次入侵中,索尼有1亿多的用户账户曝光,受影响的用户多达7700万,涉及全世界57个国家和地区,成为迄今为止规模最大的个人信息失窃事件。

同年5月1日,索尼公司专门为此事召开新闻发布会。作为索尼公司的最高执行长官,同时也是索尼游戏部门的负责人的平井一夫在发布会上向媒体鞠躬道歉,并承诺以后将加强监控,保护用户信息。

然而,用户们似乎并不买账。据悉,PlayStation 3所采用的私有密钥早在2010年年末就被黑客乔治·霍兹(George Hoiz)破解,他是以破解iPhone而闻名的"神奇小子",并很快在自己的网站上公布了PlayStation 3的破解密钥。虽然索尼接连推出补救措施,却并未从根本上解决这一问题。

另一方面,索尼打破了科技公司与黑客组织之间某种不可言说的"惯例"。事实上,大公司与黑客有着某种默契,而索尼显然不是这种默契的遵循者:

密钥被破解之后,索尼曾经决定起诉PlayStation 3的破解者,之后马上就有黑客组织宣布要对索尼发起攻击。

作为不遵守潜规则的搅局者,索尼一根筋地"追杀"黑客,甚至要"追杀"看过破解视频者,显然越过了黑客们的底线。

对于索尼的赶尽杀绝,黑客们感到十分愤怒,并用网络入侵作为回敬。最直接的是匿名者组织对索尼的攻击。

"黑客门"事件直接导致索尼公司互联网战略转型的失败,它给企业带来了严重的经济损失(参照以往此类事件的赔偿额度,索尼的损失可能高达 385 亿日元)。更重要的是,企业品牌和企业形象也因此大打折扣,索尼的股价一路大跌,管理层也出现了动荡。

索尼"黑客门"事件也反映出网络时代个人隐私保护的严峻性:来自世界各地的用户资料被集中放置在一起,一旦服务器的系统被入侵者攻破,信息泄露所带来的影响将是无比深远和广泛的。如何在互联网时代保护公民的信息安全,这是一个值得人们思考的问题。

三、"棱镜门"背后的中美博弈:美国国家安全局入侵华为

2014 年 3 月 23 日,在美国国家安全局(NSA)承包商前雇员爱德华·斯诺登逃离美国将近一年之后,《纽约时报》再度爆出猛料:据爱德华·斯诺登最新曝光的文件显示,NSA 曾侵入中国科技巨头华为公司总部的服务器。

美国政府的"棱镜"计划旨在凭借美国世界科技中心的优势地位,通过互联网实现对全世界的监控。除了对英国、德国、法国、日本等盟友进行监控之外,作为世界第二大经济体和发展中国家领导者的中国自然也是美国重要的监控对象。

据披露的文件显示,早在 2007 年,NSA 就发起了一项名为

"射杀巨人"的网络行动。在这次行动中，NSA 通过系统后门程序侵入华为的服务器，监控了华为高层的邮件往来。为了便于进一步监视，隶属于 NSA 的黑客团队"特定入侵行动办公室"甚至直接在华为的网络中植入自己的后门。

为什么作为民营企业的华为会成为 NSA 的入侵目标？

根据公开的资料显示，华为公司的创始人任正非曾经是中国军方的一位工程师，他于 1987 年在中国注册成立了华为公司，经过三十多年的发展，如今的华为已是一家全球巨头。该公司开发了互联网骨干设备，铺设了连接亚洲和非洲的海底光缆，并成为位居三星和苹果公司之后的全球第三大智能手机厂商。

华为的飞速发展和任正非的军方经历让美国人对华为公司的背景产生了一些联想。NSA 最初侵入华为的确是为了确认它是否与中国军方存在关系，但他们失败了：2012 年，美国众议院情报委员会发表报告称，没有证据表明华为公司存在官方背景。

虽然揪华为的"小辫子"而不得，但是 NSA 对华为的入侵却并未停止。随着华为投资开发新技术并部署海底光缆连接其年规模 400 亿美元的电信网络帝国，入侵华为可以使得美国情报部门利用华为的硬件来刺探伊朗、阿富汗、巴基斯坦、肯尼亚和古巴等国家的情报信息。借助华为来监控其他国家，这成为 NSA 入侵华为的又一目的。

对于美国的这种间谍行为，中国外交部曾要求美方做出解释并停止入侵行为，华为公司也发文谴责这种入侵服务器并监听通信的骇客行为。面对入侵中国民营科技公司的丑闻，NSA 拒绝评论，理由还堂而皇之，称"不对涉及国外情报的具体行动发表看法"。

在互联网时代，美国毫无疑问掌管着世界互联网领域的核心科技：用来管理全球互联网主目录的 13 台服务器中，1 个主根服务器和 9 个辅根服务器都放置在美国境内，然而这竟成为美国政府为了一己私利侵害别国权益的资本。

"棱镜门"事件之后，个人信息安全和国家间的互联网间谍行为越来越受到人们的关注。作为世界上唯一的超级大国，美国凭借着在互联网领域的巨大优势肆无忌惮地进行"数字冷战"的做法让世人不齿，同时也鞭策世界其他国家加强自身在数字信息安全领域的独立性。

💬 **讨论问题** ···

1.一天中午,明明见班上的同学在热烈地讨论着什么,走近一看,原来同学们在讨论"盗号"和"病毒":

(1)你使用过盗号软件吗?你认为盗号的行为对吗?

(2)汪正扬的经历带给我们怎样的启示?我们应该怎样利用电脑技术?

2.雷雷看了中美黑客大战和索尼"黑客门"的材料后,对各国黑客之间相互侵害的行为产生了深深的忧虑,请问:

(1)黑客大战的做法可取吗?这种大战给社会带来了哪些影响?

(2)互联网时代,政府和信息安全部门应该如何保护公民的信息安全?

···

第五章

黑客与网络安全

主题导航

① 网络安全的含义、特征与威胁来源

② 黑客的正面影响：黑客不『黑』

③ 黑客的负面影响：黑客的危害与归宿

　　我们应该怎样认识网络安全？怎样看待黑客与网络安全之间的关系？在这一部分，我们将和大家一起认识网络安全以及了解黑客对网络安全各方面的影响。

第一节 网络安全的含义、特征与威胁来源

💡 你知道吗？

"十九大"再次强调，要"建立网络综合治理体系，营造清朗的网络空间"，而首要前提就是保障网络安全，当我们谈论"网络安全"的时候，必须知晓"何谓网络安全""网络安全有哪些主要特征"等基本问题。本节将围绕这些基本问题展开。

一、什么是网络安全

总部位于瑞士日内瓦的国际电信联盟（ITU）2015年发布《衡量信息社会发展报告》说，到2015年，全球互联网用户已达32亿，占全球人口的43.4%。[1]1994年4月20日正式接入互联网，我国的网络发展迅速，如今已经渗透到了生活的方方面面。我们可以通过网络与远方的朋友即时沟通；可以通过网络在假期

---

[1] 新华网：http://news.xinhuanet.com/politics/2015-12/14/c_128526098.htm

向老师或同学请教作业上的难题,老师会通过网络(如班级 QQ 群或者微信群)在假期督促我们学习,关心学习生活动态;可以通过网络获得世界上任何一个地方的新闻,了解奇闻趣事;还可以通过网络阅读最新上线的书本,听最新上线的音乐,或是观看最新上线的电影等等。此外,越来越多的人倾向于在网上购物,就连春节习俗"红包"也通过手机发送⋯⋯由此我们发现,网络为我们的日常学习生活带来了极大的方便,甚至可以说网络已经渗透到了我们生活的每个角落。

既然网络给我们的生活带来了这么多便利,那是不是意味着我们可以无所顾忌地使用网络了呢?这个答案是否定的。我们不能忽略网络中的安全隐患。以前,我们当中有些人可能会在日记本中写下自己的日常心情,并把它当成自己的小秘密,这些小秘密一般是不愿意让别人看到的,所以我们更倾向于购买有密码锁的笔记本作为日记本。现在,网络可以代替我们的密码锁笔记本了,越来越多的人喜欢在网络博客、QQ 空间或者微信朋友圈中记录自己的日常生活。在这些网络平台上,我们可以通过其中的权限设置,选择公开或者锁住我们的网络动态,以决定记录的内容是否让他人看见。不过大家有没有想过,网络是有漏洞的。假设有一天,有人像撬开你的密码锁日记本一样"撬开"了你的网络空间,你会不会觉得自己的隐私遭到了侵犯?更为可怕的是,我们现在不仅仅在网络中记录心情,还可以通过网络提交作业、购买商品甚至转交学费等等。不管是其中哪一件事情出现了问题,它的后果都是非常严重的。这就要求我们在使用网络时必须关注网络安全。

那么什么是网络安全？我们所说的网络安全,指的是计算机网络安全,它涉及计算机科学、网络技术、通信技术、密码技术、信息安全技术、应用数学、数论、信息论等多个学科。通过我们平常对计算机网络的使用经验就可以知道,计算机网络的主要功能就是为我们提供信息服务以及向我们分享它所拥有的信息资源。由此可见,我们所说的计算机网络安全从本质上来讲就是指我们在计算机网络中的信息安全。ISO 对计算机网络安全的定义为："网络系统的硬件、软件及其系统中的数据受到保护,不受偶然的或者恶意的原因而遭到破坏、更改、泄露,系统连续可靠正常地运行,网络服务不中断。"我们可以这样来理解,在信息的安全期限内,网络安全就是保障信息在网络上不会受到未授权用户的非法访问,只有授权用户才可以访问。这就好像现实生活中我们自己的家一样,只有拥有家中钥匙的人才能开门进入家中,而没有钥匙的人是无法进入的,除非他们破门而入。未经主人允许破门而入,这种行为不仅破坏了他人住宅的设备,也会威胁该住宅的安全,是违反法律的。同样的道理,我们可以将未经授权用户非法访问信息的行为看作破坏网络安全的行为,是网络安全所不允许的。

计算机技术迅速发展,网络在人们的生活中扮演着越来越重要的角色,网络安全成为不仅仅是我们个人,而是整个社会、国家乃至全世界都需要关注的问题。网络中有很多个人敏感信息、商业秘密甚至是国家机密,这些信息都是非常重要的,而且在原则上是不对外开放的。一些网络攻击者可能会出于各种目的将这些信息作为攻击对象,导致这些重要信息泄露,破坏网络安全。正如前文所说的有钥匙才能进家门一样,当今社会的网络安全问题,可以等同于家庭日常生活中的防火防盗问题。就像我们给家中安装防盗网、防盗锁甚至密码锁以防盗一样,在网络世界中我们也应该树立起安全意识,防患于未然。因为网络世界中的攻击比现实生活中的攻击悄无声息。也许在我们自己都还未意识到之前,威胁就已经悄悄靠近了。而一旦我们的信息系统遭到攻击,其结果往往会让我们措手不及,造成的损失也难以估计。

二、网络安全的特征

前面我们谈到了网络安全的定义,现在我们一起来了解网络安全的特征。

(一)机密性

在对网络安全进行解释时我们就提到了信息授权的问题,这涉及网络安全的第一个特征 —— 机密性。它指的是在网络中信息不会泄露给未授权的用户,保护信息不被未授权用户利用的特性。

（二）完整性

完整性指的是保证信息在存储与传输过程中不被修改、破坏或丢失的特性，即未经授权信息不会被改变。

（三）可控性

可控性指在信息传播过程中对信息的传播和传播的内容具有控制能力。在防止不良信息的恶意蔓延上，可控性非常重要。

（四）可用性

可用性指的是被授权的用户在网络中能根据自己的需要访问或是存取所需要的信息的特性。也就是说，在安全的网络状态下，我们能够不受阻拦地在网上获取那些公开并且对我们自己有用的信息。

（五）可审性

可审性指的是在出现网络安全问题时能够提供依据和手段的特性。

（六）严重性

严重性指的是网络安全遭到破坏之后，其产生的后果往往是相当严重的。网络安全是保证网络信息得到安全传输的一道屏障，一旦这道屏障遭到破坏，信息就会泄露，如果被泄露的是非常重要的信息，那么便会带来非常严重的损失，甚至有可能会威胁用户人身安全。

（七）多元性

多元性指对网络安全产生威胁的因素是多元的，这些威胁在下文中将会说明。

三、网络安全的威胁来源

网络的便利性在于它可以帮助我们足不出户就处理很多日常生活事务,然而我们在享受着网络带来的极大便利性的同时,也面临着许多潜在并且复杂的安全威胁。网络的迅速普及、黑客技术的迅速发展以及我们自身对网络安全的不够重视,都可能扩大这一安全威胁。现在我们来对网络安全的威胁来源做些基本了解。

(一)客观威胁

计算机是一个机器,因而它会受到自然灾害和温度、湿度等环境因素的影响。此外,还包括计算机设备自身的老化等因素。这些客观因素都会威胁网络安全。

(二)主观威胁

主观威胁包括前面我们花大篇幅论述的黑客的威胁。黑客们可以利用计算机相关知识和技能对网络进行攻击,而且这种攻击往往都带有目的性。此外,主观威胁还包括编程人员的疏忽造成的威胁。他们在设计和编辑网络软件时很难做到万无一失,有时会使得网络软件出现漏洞,这也会成为网络安全的潜在威胁。

现如今,无论是个人、企业还是整个国家,对网络的依赖性越来越强,一旦出现网络安全事故,其产生的严重后果往往不是我们能够承受的。

我们来思考两个问题:你觉得网络安全跟自己的关系密切吗?还是你觉得网络安全仅仅与相关工作人员有关?事实上,网络安全与我们每个人都有很大关系,因为它就在我们身边。2015年,英国电信运营商[1]手机仓库(Carphone Warehouse)被黑客入侵。据《华尔街日报》杂志版报道,手机仓库表示,约有240万(约为英国人口的4%)在线用户的个人信息遭到黑客入侵,其中包含加密的信用卡数据。这是多么危险的事情啊。对于手机仓库的用户来说,这就是发生在他们身边的事情,与他们息息相关。换位思考,如果被入侵的是中国电信、中国移动或是中国联通,我们身边又有多少人可能会遭殃?

常常有人说,生活在互联网时代的我们失去网络时就仿佛鱼儿离开水那样难受,那么我们就应该明白,要是网络没有了安全,无异于把我们这些小鱼放入污水当中。生活在污水当中,对小鱼来说已经不再是难受,而是危险了。一个网络安全得不到保障的互联网世界,会是一个危险的世界。因此,在日常的网络使用中,我们应当提醒自己提高警觉,注意保护网络安全。

---

[1] 电信运营商,指提供固定电话、移动电话以及互联网接入的通信服务公司。国内现在有四大电信运营商,分别是中国电信、中国移动、中国联通和中国广电。

第二节　黑客的正面影响：黑客不"黑"

💡 你知道吗？

　　其实，黑客并不像我们想象中那样恐怖，令人敬而远之。它也有"可爱"的一面，具有积极的作用。例如，促进计算机软件和系统安全性的提高，有助于打破信息霸权，以及维护国家主权。本节将为你解析黑客的正面功能。

一、提高计算机软件和系统的安全性

　　前面我们说到网络安全中的一个威胁就是黑客的攻击，这里又说黑客能够提高计算机软件和系统的安全性，这样不是前后矛盾了吗？阅读了前面章节的人应该知道，有一部分黑客是能帮助促进网络安全的。他们通过自己所拥有的黑客技术来发现计算机软件和系统的漏洞，从而帮助计算机软件和系统开发商们认识到自己产品的缺陷，进而进行修补，以提升产品的安全性能。正是这类黑客的技术"攻击测试"使得网络安全的防护系统变得更加强大。

　　那么,那些攻击网络安全的黑客给网络安全带来的是不是就全是负面影响呢? 不一定。有些攻击行为在一定程度上给网络安全提出了考验。为什么这样说? 这就要借助我们常常能够听到的一对"老朋友"来帮助我们理解了。这对"老朋友"就是压力和动力。

　　我们知道,动力往往来源于压力,人都是有惰性的,没有压力往往难以生出动力来。比如说老师今天给我们布置了作业,让我们自觉完成并且不会进行检查,那么我们可能会觉得这份作业什么时候做都可以,偷懒的甚至就不做了,反正老师不会检查。但要是老师说明天要把作业交给班长检查并登记完成情况,我们就会因为这个要求而感到有压力,并且按时将作业完成。再进一步,要是老师说的是明天早上统一将作业交到他办公室进行批阅评分,以检查我们平时的学习成果,同时也方便用于周六家长会和家长们交流,那我们就会感受到更大的压力,并一定会赶在明天之前完成,而且在完成后认认真真检查答案了吧? 这就是压力带给我们的动力,它促使我们及时、认真地完成作业。同样的道理,黑客的存在给这些开发商们施加了一种压力,使得开发商以及各类网络安全工作者们产生了提升防御能力的动力。黑客的攻击行为会促使计算机软件和网络开发商不断地提升其产品的性能,从而增强其抵御攻击的能力,这对用户来说算是一件好事,因为更好的产品能够更好地维护我们在网络中的个人信息安全。可以用一个例子来理解这种监督作用。

例如,我们使用了一家大型计算机软件公司的软件,这个软件其实是存在漏洞的,这一漏洞可能导致我们这些用户的信息泄露。此时,抱有良好目的的黑客发现了这一漏洞,他们通知该软件公司修补该软件,要是负责任的公司一定会选择马上测试并进行修补。但要是遇上不负责任的公司,忽视黑客的善意提醒或不予理睬,这对我们用户来说可不是一件好事,因为我们面临着潜在的系统故障或信息泄露的风险。对于不负责任的公司,黑客们选择在网络上公布该漏洞,并且提供攻击程序给用户测试,用户发现之后表达不满,最后,软件公司不得不对此做出反应,对漏洞进行分析和修补,因为他们要是再不行动,可能会失去一大群用户。在这个例子中,我们可以发现,是黑客起到了督促软件公司修复产品漏洞的作用。

从整个网络安全发展史来看,我们可以这样说,是黑客促成了计算机网络安全产业的出现,并对计算机网络安全的持续发展起着重要的推动作用。但是凡事都有度,过犹不及。我们不能一味强调黑客攻击对网络安全防护的促进作用,正如压力太大会将人压垮,崩得太紧的皮筋会直接崩断,如果放任和助长黑客对网络安全系统的攻击行为,那只会给整个网络安全系统带来无法弥补的损失。继续说上面那个例子,如果起初发现漏洞的是不怀好意的黑客,他发现了漏洞后直接进行攻击,那后果将会如何?你能接受哪天打开自己的计算机发现它已经崩溃,自己储存在里面的信息可能都找不回来的后果吗?你能接受正准备登录 QQ 或者微信却发现密码已经被盗无法登录了吗？又或者,你能接受自己存在微信钱包、支付宝甚至银行卡里面的钱突然就消失了吗？从与黑客相关的新闻报道中我们可以知道,这些都是黑客能够办到的。而且在计算机网络中丢失的信息往往不是那么容易就能找回来的,因此,我们不能片面关注黑客给网络安全带来的正面影响。

我们还应当注意到,黑客所带来的积极影响主要是取决于人,就像武器,任它放在那儿它不过就是一个名义上的工具,当人们使用它时,它才能发挥其作为工具的作用,使用不当的时候它可以伤人,使用得当的时候它可以用于自卫。黑客技术也是如此,它会产生怎么样的影响,主要取决于用它的人。

二、黑客对信息共享的追求

前面我们已经对黑客有了详细的介绍,那么什么是信息霸权？顾名思义,信息霸权意味着信息只被小部分人或团体所霸占或者垄断,导致其他人无法获得信息。信息霸权是一种对信息的独占现象,它限制了信息的正常流通。自称为"为自由而战的斗士"的黑客们自然非常看不惯信息霸权现象。

我们去观察就能够发现,在互联网上,由黑客编写的黑客软件以及与其相关的源代码都是免费共享的,所有人都能通过互联网免费获取这些资源,因为在黑客的眼中,网络世界是属于每一个人的,软件的源代码自然要无条件公开。有些黑客鄙视软件公司出售程序并且不公开源代码的行为。还有些黑客甚至因为看不惯软件公司这种行为而直接破解了他们的加密软件,并且将其公之于众。如 Apache[1]、Sendmail[2] 等软件的自由使用,就是黑客追求自由的结果。此外,众多黑客论坛也都是黑客们为了方便交流和共享信息而建立起来的。他们愿意为了共同的追求而合作,因为他们明白独占信息并不会使自己变得强大,只有共享资源才能达到 1+1>2 的效果。这些表现都是黑客对自由以及对信息共享追求的体现。由此可见,有了黑客们自由共享的精神,信息霸权现象就难以无限扩张。

信息霸权意味着对大多数人隐藏信息,这不仅是对黑客崇尚自由的挑战,更是对黑客存疑求知精神的挑战。

我们来了解一个黑客积极行动的例子。在 2016 年,巴西里约奥运会期间,一个名为"奇异熊"的黑客组织多次公布世界反兴奋剂机构数据库中运动员的医疗信息。该黑客组织公布的第三批数据涉及了 5 个国家的 11 名运动员,分别是 4 名英国运动员、3 名澳大利亚运动员、2 名德国运动员、1 名丹麦运动员和 1 名西班牙运动员。其中包括里约奥运会场地自行车女子全能赛金牌获得者英国运动员劳拉·特罗特、里约奥运会赛艇女子单人双桨金牌获得者澳大利亚运动员金伯利·布雷南、英国拳击运动员

---

[1]　世界使用排名第一的 Web 服务器软件。

[2]　一种最重要的邮件传输代理程序。

尼古拉·亚当斯等人。"奇异熊"组织表示，他们公布的这些数据反映了世界反兴奋剂机构为一些西方强国运动员服用禁药开绿灯。[1] 奥运会期间，总会有不少国家打着强烈反对服用兴奋剂行为的口号质疑我们国家的运动员服用兴奋剂。"奇异熊"曝光的数据揭示了这种"只许州官放火，不许百姓点灯"的双重标准行为。一些西方国家利用特权偷偷地行驶在服用禁药的道路上，不被他人知晓。这直接导致比赛的不公平，是对运动精神的侮辱，然而这种行为却被庇护。这种现象可以说侵犯了全世界人民的知情权。黑客组织采取行动对其曝光，让我们有机会了解这一现象的存在，促进比赛公平。

随着信息时代的到来，"信息主权"这个词也渐渐进入我们的生活中。信息主权是在国家主权概念上演化而来的。作为信息时代国家主权的重要组成部分，信息主权指的是一个国家对本国的信息传播系统和传播数据内容进行自主管理的权利。信息主权包括三个方面的内容：1. 对本国信息资源进行保护、开发和利用的权利；2. 不受外部干涉，自主确立本国的信息生产、加工、储存、流通和传播体制的权利；3. 对本国信息的输出和外国信息的输入进行管理和监控的权利。[2] 就当前的世界局势来看，维护信息主权已经成为维护国家主权的一个非常重要的环节，信息主权衰微可能会导致一个国家失去在国际上的话语权，甚至威胁到一

[1]　案例来源于搜狐财经：http://business.sohu.com/20160917/n468573835.shtml

[2]　郭庆光 . 传播学教程 [M]. 北京：中国人民大学出版社，2011.

个国家的发展与稳定。由此可见,信息主权是非常重要的。如果
国外的黑客组织及其活动破坏我国的信息主权,对我国网络空间
进行攻击,对我国的信息自由进行干涉,我们坚决不能听之任之。
但是,维护网络安全不能设置双重标准,我国政府致力于推动制
定各方普遍接受的网络安全国际规则,共同维护网络空间的和平
安全。在此前提下,坚决维护我国的信息主权和国家尊严。

第三节　黑客的负面影响:黑客的危害与归宿

在第二节我们认识了黑客有一定积极作用的一面,相信大家
都已经明白了,黑客技术会产生怎样的影响主要取决于使用它的
人。也就是说,正确地使用黑客技术会产生正面影响,错误地使
用黑客技术则必将产生负面影响。在这里,我们要认识的就是黑
客的负面影响。

本节将从黑客的初级危害、中级危害、重大恶意危害以及黑
客的归宿四个方面来展开讨论。

一、黑客的初级危害

黑客的哪些行为可以看作造成了初级危害呢？其实就是黑客虽然入侵了网站或是机构的主机,但是没有对这些入侵对象造成直接危害。大多数黑客计算机技术高超,可以凭着自身的技术在未经授权的情况下进入网站或者是机构的主机,有些黑客将这种入侵行为看作是对自己计算机技术的考验。

我们来了解一个真实事件。一名男子根据女演员王珞丹在其微博中发布的两张窗外景色,成功确定了王珞丹的住址。这名男子没有立刻公布这一信息,而是在确定王珞丹搬离该住所后,才将相关的分析推理过程公布在网络上,并且他的分析结果得到了王珞丹经纪人的确定。[1] 让我们来分析一下。这名男子是在确认了当事人搬离后将信息公布,没有给当事人造成实质性的困扰。举这个例子是为了通过这件事告诉大家:生活中可能处处都会成为黑客入侵的入口。在这件事情之前,也许我们中很少人会想到发一条微博,竟会暴露自己的住址。就像现在,也没有办法确定网络中的哪一种行为会成为黑客发起攻击的下一个入口。因此,我们更加需要增强自己的网络安全意识,不让自己的网络行为成为网络安全的漏洞。上述事件中,该男子造成了初级危害。

---

[1] 案例来源于未来网: http://news.k618.cn/tech/201601/t20160124_6614676.html.

　　既然黑客的行为并未带去直接的损失或危害,那为什么我们要把它列入初级危害行为中呢? 其实,没有直接危害不代表没有危害,未经授权就非法侵入他人的计算机系统或是获取他人私人信息的行为本身就是错误的,甚至可以说是违法的,因为它侵犯了隐私权。打个比方,假如你的同学在你不知情的情况下,破解了你的密码锁日记本,可能只是打开看了一眼,又帮你完好无损地锁上了,你觉得他的行为是不是侵犯了你的隐私权? 知道真相的你会是怎样的心情? 是不是会觉得心里很不舒服? 任何人都不会喜欢让他人在未经许可的情况下擅自闯入自己的私人领地或是翻看自己的私人物品。虽然这类黑客没有带着不正当的目的,本意也不是为了危害被入侵方,但是目的的无害性没有办法掩盖行为的违法性。未经授权的入侵就是非法入侵。而且,黑客的这种入侵行为会留下安全隐患。黑客入侵时必定要采取计算机技术来破解被入侵方的安全防护系统或是寻找系统的漏洞,只有这样他们才能侵入他人的计算机,而一旦安全防护系统被破解或者系统漏洞被公开,就可能导致不怀好意的人利用它们来危害系统,造成信息泄露甚至系统崩溃的严重后果。

　　没有经过授权就侵入他人系统不是证明自己能力的方式,这是一种违法行为,会受到法律的制裁。要证明自己的能力,应该选择正当的方式。为什么非要做非法的攻击方才能证明自己? 做防御方不是更厉害吗? 比起违法入侵他人的系统,击败这些入侵行为、维护网络安全的人才更有能力,也能得到大家的尊重。知识和才能是用来捍卫正义的,正义得到伸张是对我们能力的肯定。

二、黑客的中级危害

前面我们说过,在初级危害界定范围中,黑客的入侵行为通常是不会对被入侵对象造成直接危害。我们这里所说黑客的中级危害,是会对被入侵对象造成直接危害的。也就是说,黑客不仅入侵了系统,而且会窃取或损坏保存在这些系统中的信息,这种行为将会给被入侵对象带来直接损害。比起前面初级危害的"悄无声息",中级危害的后果则是显而易见的,主要表现在侵犯他人隐私、威胁他人人身安全和财产安全等方面。

生活在互联网时代的人们,只要使用过网络,都可以算得上是互联网用户,网络上会留下自己的个人信息。黑客们能够通过一些技术得到个人信息。此外,随着网上购物和电子红包日益流行,越来越多的人选择将银行卡与电子支付软件如支付宝、微信钱包等绑定在一起。一旦这些账号的信息被黑客盗用,带来的直接影响也许就是一大笔财产的丢失。更可怕的是,黑客们往往能够根据网上的踪迹,如浏览痕迹、查询记录等获取我们更多的信息,这些信息当中有些很可能包含一些涉及个人隐私的内容。一旦个人隐私被曝光,个人的尊严和人身安全都可能受到极大的伤害。带有不良目的的黑客的存在给网络安全带来了极大的威胁与挑战。他们常常利用自身的黑客技术进行网络攻击,而且攻击目标是网络安全意识薄弱和防御水平较低的人。因此，面对这一威胁，我们必须提高自身的网络安全意识，保护自己在网络上的信息安全。

我们来看一个侵犯个人隐私的事件。美国国家安全局在2007年小布什任职期间开始实施一个绝密的电子监听计划，即有名的"棱镜"计划。这个计划能够对即时通信和现存资料进行深度监听。美国国家安全局可以通过该计划获得监听目标的电子邮件、视频和语音交谈、文件传输以及社交网络细节，更严重的是，它可以实时监控一个人正在进行的网络搜索内容。我们想象一下，假设我们在家里用着自己家的计算机搜索自己需要的资料，这个时候在很远的地方有个人却时时监测我们在计算机上的一举一动，这是一件多么可怕的事。这样的生活毫无隐私可言。更可怕的是，我们完全无法察觉到这种监听自己的行为。这不是假设。在"棱镜"计划被曝光前，"棱镜"计划的监听对象们就是处在这样一个被监听却不自知的情况下。直到该计划被曝光，大家这才知道了自己被监听的真相。斯诺登披露的文件显示，美国国家安全局可以接触到大量个人聊天日志、存储数据、语音通信、文件传输、个人社交网络数据等信息。文件中还提到，"棱镜"计划可以让情报人员通过"后门"进入9家主要科技公司的服务器，包括微软、雅虎、谷歌、Facebook、Pal talk、美国在线、Skype、YouTube和苹果。美国政府证实，它们确实要求美国公司威瑞森（Verizon）提供数百万人的私人电话记录，其中包括个人电话的时长、通话地点、通话双方的电话号码等。

黑客对网络安全影响不小

如此大规模的监听行动不仅仅在美国,更在全世界范围的引起了极大的反响。这种侵犯隐私的行为使得美国的国家形象和政府公信力都受到了重创。根据美国国家情报总监詹姆斯·克拉珀所说,"棱镜"计划的曝光给美国情报搜集能力造成"巨大且严重的损失"。如一些欧洲议会议员就发声警告美国,如果美方用这些秘密计划监听欧盟成员国公民,欧方将重新审查欧美之间关于数据共享的协议。占被监听对象大多数比重的美国公民更是无法容忍这种侵犯隐私的行为。因此,美国最具影响力的民权组织"美国公民自由联盟"起诉联邦政府违反宪法,指控政府开展的"棱镜"计划侵犯了公民言论自由和公民隐私权,请求联邦法院下令终止该监听项目。由此可见,侵犯他人隐私的行为,无论行为主体是政府还是个人,都是不会受到人们的谅解的。

通过这个案例,我们需要明白的是:科学技术的发展,使我们的个人隐私越来越容易受到侵犯,我们应当保护自己的信息。换一个角度来看,我们还应当认识到,侵犯他人隐私的行为是会被社会指责以及受到法律制裁的。这种行为破坏了人们的网络安全感和人与人之间的信任,使得原本就隔着屏幕进行沟通的虚拟世界中的人际关系又多了一层冰冷的隔膜。美国政府以特权开展了监听计划,黑客同样可以通过他们的技术来监视我们在网络中的举动,不怀好意的黑客甚至可以直接窃取我们的信息。一旦我们的网络生活遭到他们的入侵,随之而来的将是一系列不良后果,常见的有敏感信息(如个人健康情况、联系方式、家庭住址或是社保号码等）遭到曝光、受到各种垃圾邮件的轰炸以及垃圾电话的骚扰等。

通过前文所述，我们已经了解了黑客对个人隐私的侵犯。接下来我们再通过一个案例来了解黑客的入侵行为如何危害个人人身安全和财产安全。使用过微信"附近的人"功能的人就能够发现，微信的这个功能可以帮助我们看到距离自己 2000 米以内的其他微信使用者。现在很多程序，比如 QQ、微博等都有这一类似的功能。拿微信这一功能展开分析。开启了"附近的人"这一功能的人如果还点选了"允许陌生人看十张照片"，这个人又是个喜欢在朋友圈晒自拍、朋友、旅游、饮食和家庭等个人信息的人，这个时候就要注意了，因为这很容易被别有用心的人估摸出自己大概的经济情况和生活状况。如果是经常在"朋友圈""炫富"的人，很有可能会因此被人盯上而招致财产损失，而比财产损失更严重的就自己或是家人的人身安全受到威胁。根据搜狐网报道，浙江龙游县的杨女士带着 4 岁的孙女去广场跳舞时，自己沉浸在舞蹈旋律中，让孙女在一旁玩。结果在杨女士没有注意的时候，孙女就到附近去溜达了。后来，一个四十来岁的陌生女子询问杨女士的孙女是不是叫某某某。孙女听后有些信任对方，陌生女子接着对杨女士的孙女说，我是你妈妈的朋友，你妈妈就在那边的超市，我正好碰到你了，要不要带你找妈妈吧。小女孩还在犹豫，对方又说："我看过你的照片的。"在小女孩就要跟着陌生女子走的时候，幸好一位和杨女士一块跳舞的老奶奶过来了，陌生女子看无法得逞便立即离开了。知道这件事之后，杨女士的儿媳妇才意识到，可能就是因为自己经常在网上晒女儿的照片、去过哪里、在哪里吃饭等，暴露了孩子的信息，导致那位陌生女子不仅看到了自己女儿的照片，还能叫出名字。经过这次教训之后，这位妈妈在微博、微信上删除了所有跟女儿有关的内容。没想到社交软件能引发这样的危机吧？这一事件是当事人自己授权公开信息而导致的，并不是由黑客入侵造成的。这一事例是想告诉大家，个人信息曝光会有怎样的危害。我们可以通过关闭公开渠道来避免危机。但如果是他人曝光了我们非主动却被公开了的信息，这才是真正的可怕。对于黑客来说，获取这些个人信息并不是一件困难的事。如果黑客有意要侵入窃取你的个人信息，那你就危险了。当我们的地理位置、生活状况和家庭情况被公开了，我们及家人可能会面临怎样的危险？

　　大家想过黑客的力量会如此强大吗？黑客能够侵入人们在网络上的个人空间，利用个人空间的一些细碎信息找到一条完整的信息线索，得到他们想要的信息，进而达成他们的目的。如果这些强大的力量是用于网络安全的正当防卫，那就是网络安全的福音；但如果是用在网络安全的对立面，即对网络安全进行攻击上，那就是网络安全的灾难了，如网络诈骗、随意曝光他人的私人信息、破译他人账户密码等等。在网络安全的防护中，我们不要抱有侥幸心理，而是应当提高自身的网络安全意识和防御能力，时时刻刻注重自身的信息安全，养成良好的上网习惯，不要让不怀好意者有机可乘,共同建立和保护一个健康和谐的网络环境。

三、黑客的重大恶意危害

黑客的重大恶意危害指黑客的入侵或攻击行为造成的结果已经危害到了整个社会乃至国家,造成了极其恶劣的影响。接下来我们来看一看黑客的重大恶意危害具体表现在哪几个方面。

（一）无视道德法律,扰乱社会秩序

我们都知道,黑客是计算机技术较高的一群人。他们当中,有一部分是为了维护网络安全而施展自己的计算机技术,也有一部分人是为了破坏网络安全而使用计算机技术。这些破坏网络安全的黑客,同时也扰乱了社会秩序。2017 年 6 月,中国互联网络信息中心（CNNIC）发布第 40 次《中国互联网络发展状况统计报告》,报告中说我国的网民规模已经达到 7.51 亿。你是不是也在这 7.51 亿网民之列？ 你会不会觉得这个世界没有了网络会变得难以想象？ 其实,对于每天都在与网络打交道的我们来说,没有网络的世界会变得难以想象,而没有了网络安全的世界更加难以想象,因为网络安全灾难的发生是那么难以预测,让人猝不及防。

在网络还没有出现的时代,我们想要一个稳定的社会秩序,最主要的措施就是通过社会治安来维护它。而在网络出现后的时代,社会秩序已经不仅仅是通过社会治安就能够维护得了的,现在的我们想要一个稳定的社会秩序,还需要保证网络安全才行。要是网络安全被破坏了,带来的直接影响将是储存在计算机中的信息的大规模泄露和计算机系统的崩溃瘫痪,而当今社会无论是私人企业、国有企业、教育机构还是政府机关,都离不开计算机,也就是说一旦没有了网络安全,整个社会的正常运行都可能受到影响,更不用说维护一个稳定的社会秩序了。

黑客对网络安全的破坏产生的间接影响就是扰乱社会秩序。现在网络中盛行的"网络暴力"事件,就是社会秩序遭到破坏在网络上的表现。网络暴力是指在网络上发表具有伤害性、侮辱性或煽动性的言论、图片、视频的行为现象。黑客的参与往往会助长网络暴力施行者的嚣张气焰。比如在2015年5月3日发生的"成都女司机被打事件"中,就能看到网络暴力的影子。事件概况是一名卢姓女司机因在成都市三环路娇子立交桥附近行驶变道等原因被张姓男司机开车逼停,并遭张某殴打致伤。起初殴打视频在网络上发布后,网友们对男司机张某下手之狠深感震惊,一边倒地斥责张某,并开始在网络上人肉张某的信息。随后,当张某行车记录仪的视频公布之后,舆论又开始一边倒地斥责女司机卢某开车没规矩,又开始人肉卢某。最终不仅两辆车的车牌号都被曝光,还有许多未经证实的违规行车记录、家庭住址等隐私信息也都在网上被曝光。其实理性来看,这只是一起交通事件,不应该将当事人的隐私牵扯进来,而且严格来说这件事情是当事人双方的事,网民们纷纷参与进来后就演变为网络暴力事件。毋庸置疑,黑客在其中起到了推波助澜的作用。他们利用黑客技术攻击当事人的邮箱或博客等,将当事人的隐私信息挖掘出来,极大地满足了大多数网民的窥私欲以及想要充当"道德裁判"的心理,在一定程度上鼓动了对当事人实施网络暴力的行为。从表面上看,我们觉得黑客的行为是"路见不平,拔刀相助",而且在网络中人们也有言论自由的权利。但是我们需要理性看待的是,我们不仅是网民,还是法制社会的公民,公民的行为是处于道德和法律的双重约束之下的,当道德无法限制某人的行为时,还有法律对其进行约束。这一事件中,当事人谁对谁错自有法律来判决,如果我们采取不正当的方式侵犯了当事人的隐私,那么我们有什么资格站在道德的制高点去斥责当事人? 在这种情况下,我们自己的行为正确与否都该受到法律裁决了。在这个事件中,黑客和众多网民就犯了这样的错误,以侵犯他人隐私来实现自己所谓的道德审判,激化了网民的情绪,导致了失控行为,不利于树立正确的网络文明意识。网民宣泄冲动情绪给当事人带去极大压力,网络空间延伸至社会现实当中,当事人日常生活受到极大影响。当情绪冲动的网民回归现实社会的公民身份,网络暴力延伸至现实生活,就不仅仅是当事人的麻烦了,整个社会秩序的安定都将受到影响。

（二）阻碍信息资源传播,危害国家信息安全

网络安全保护的是信息免受未授权用户的访问,而黑客的入侵都是未经授权的。虽然现在我们在网络上能够搜索到的资

源非常丰富,但是也有很多资源需要经过授权之后才能访问。最贴近我们生活的例子是,如果我们有朋友的 QQ 空间上锁了,那么这个时候我们要访问他的空间就需要经过他的允许,当他选择将 QQ 空间对我们开放之后,我们才能对其进行访问。如果我们通过其他方式,强行侵入了这位朋友的 QQ 空间,这个时候我们就犯了和黑客一样的错误,侵犯了其个人网络空间安全。值得我们注意的是,黑客入侵和攻击的往往不会是我们的个人 QQ 空间,而更有可能是有专业密码把守的更重要的网络空间,其中可能涉及很多重要信息,关乎国家机密、商业秘密和个人隐私,或是关乎重要事项的计划和环节等。如果黑客将它们作为自己的攻击对象,那就危险了,因为这会给国家、企业或是他人带来危害,而且这种危害有时甚至可能到达难以弥补的地步。正如我们现在要认识的这一点:阻碍信息资源传播,危害国家信息安全。

我们可以通过一些例子来感受这个危害到底有多大。早在 1999 年,美国就发生过黑客入侵造成较大危害的事件。同年 3 月,戴维·史密斯制造了梅丽莎(Melissa)病毒,通过网络感染了数百万台计算机和数万台服务器。2002 年 2 月,全世界的黑客们联手发动"黑客战争",攻击了互联网上的八大网站,如亚马逊、微软和雅虎等,致使这些网站瘫痪数小时。"熊猫烧香"是发生在国内的一个著名的黑客事件。当时,多家著名网站陆续被"熊猫烧香"入侵,而且这些被攻击的网站往往浏览量非常大,病毒就通过这些网站迅速流传开,导致超过千家政府机构和企业中毒,其中包括一些涉及金融、税务等国计民生的重要单位。可以说,"熊猫烧香"病毒成了众多计算机用户的噩梦。

从这些案例中可以看到,黑客的攻击行为使得相关的网站或者主机崩溃,阻碍正常的信息资源传播,这个影响范围可能会覆盖全国,甚至全球。就拿我们大家都要经历的高考来说,现在高考志愿基本都是通过上网进入系统填写,试想如果一个高考的志愿系统被破坏了,我们将无法获得我们的录取信息,影响的该是多少人的未来,这是多么可怕的影响!更可怕的是,如果黑客攻击的是政府网站或是其他国家的重要信息网站,造成了国家机密泄露,那么受影响的将会是整个国家。在一个信息是国际竞争的关键要素之一的时代,要是没有了信息安全,我们还能维护好祖国在国际上的大国地位吗?我们需要警惕,因为信息战争的杀伤力并不比军事战争的杀伤力弱!在自己以及自己所处的社会和国家的网络安全还未受到破坏之前,我们应当学会用网络安全知识武装自己,做好防御措施。

四、黑客的归宿

在前面的章节中,我们了解了黑客的起源、黑客的定义及其分类等,对黑客的工作原理也有了认识,本章还从一些具体案例分析了黑客的正面影响和负面影响,知道了黑客有"黑"的一面,也有不"黑"的一面。那么黑客到底是否应该存在?黑客的归宿在哪里？黑客的未来前景是怎么样的？我们可以一起来对此进行讨论。

我们可以这样认为，黑客是顺应时代发展的产物，计算机的诞生为黑客的诞生提供了物质基础，而互联网则是帮助黑客成长的肥沃土壤。有人说，黑客是推动计算机技术不断进步的另类力量，就是因为黑客的存在，才使得计算机系统的漏洞不断地暴露出来，我们才能够不断地改进它们，生产出更好的计算机系统。但是也有人说，黑客的存在阻碍了社会进步，因为遭到黑客破坏的计算机系统往往要耗费很大的人力物力来修补，造成社会资源浪费，阻碍社会进步。还有人说黑客创造了更多的就业机会，正是因为黑客的入侵和攻击行为，促进了网络安全公司的诞生，从而提供了一批维护网络安全的技术员职位。总之，人们对黑客的评价同黑客的影响一样，有正有负。

事实上，黑客应该是怎样，说到底还是取决于人。如果心术不正，那么手持兵器只会带来灾祸，如果怀抱着良好的目的，手中的兵器不仅不会带来灾祸，反而会成为保家卫国、击败敌人的利刃。那么兵器在现代社会还存在吗？自然是存在的。从远古时期的木棒、石刀和石斧，到古代的刀、剑、弓、矛与盾，再到现代的各类机枪、导弹、原子弹等，兵器一直存在着，而且技术越来越先进。这是因为各个国家需要通过兵器来提升自己的军事力量，以维持并且提升自己在国际上的地位。同时，这对维护本国国家安全稳定也具有非常重要的意义。和平与发展是当今世界的主题，我们提升军事力量当然不是为了攻击别人，而是为了保卫自己，是为了一旦战争发生时,我们有足够的能力保护自己。其实黑客存在的道理与兵器存在的道理是相似的。兵器存在是因为国家安全需要,而现在,国家安全的范围已经扩大了,不再仅仅靠兵器就能够保家卫国。现在的国家安全多了一项内容,就是国家信息安全。互联网的出现,使得全球的人们通过网络联系在一起,社会的信息化达到了非常高的程度。如果一个国家的信息网络遭到破坏性的攻击(发动这种攻击的战争我们通常称之为信息战),信息战的外在表现并不会比常规军事战争大,因为它不会造成人员伤亡,但是其带来的负面影响绝不比一场常规军事战争来得小。从"中美撞机事件"中的中美黑客大战中可以看出,信息战不是一种预设,而是有可能变成现实的。现在信息战还没有到来,我们也还不知道它到底能够带来多大程度的破坏,可我们必须正视信息安全的重要性。可以说,黑客的存在就是因为国家信息安全的需要。想要在信息战中不受制于人,我们需要进一步研究并不断提升技术。只要信息安全还是我们国家安全中重要的一部分,黑客技术就起到了重要的作用。

💬 讨论问题 ···

　　1.假如有一天你发现家里的计算机跟自己平常打开的时候不一样了,你会采取什么措施应对呢?会如何应对?

　　2.看到文中那个因为在朋友圈晒女儿照片差点导致女儿被坏人骗走的例子,你有没有去检查自己的QQ或者微信,看看里面有多少可能暴露自己个人信息的选项没有关闭呢?你的身边有没有发生过类似的事情?你觉得为什么会发生这样的事情?结合前文的阅读,你觉得可以怎样预防这种事情的发生呢?

第六章 黑客文化与青少年网络安全素养

主题导航

1. 青少年如何正确认识黑客现象

2. 青少年面临的网络安全问题及原因

3. 快乐安全地使用互联网

　　或许在以前,你对黑客并没有太多了解,但通过阅读本书,相信你对黑客已经有了更深层次的认识。你对黑客的看法是否发生了改变呢?你在日常的上网过程中,是否遇到过网络安全问题呢?面对这些问题,我们应该如何应对?下面,让我们一起来探讨这些问题吧。

第一节 青少年如何正确认识黑客现象

💡 你知道吗？

火的使用对于人们的生活产生了极大的影响，对推动人类社会的发展做出了重要贡献。人们使用火来做饭、取暖、防御野兽等。但如果使用不当，火一样能成为危害人类的工具，如火灾等等。

与火对人类发展产生影响的两面性一样，计算机技术对人类社会的影响同样具有两面性，重要的是如何使用它。黑客现象同样需要被客观理性地看待，不应该随意做出判断。

黑客是伴随着互联网产生的，一直以来都备受社会的关注，也饱受争议。不可否认，黑客确实给网络安全造成了威胁，但是"每一枚硬币都有两面"，黑客也在一定程度上起到了积极的作用。而长期形成的黑客文化，更是给我们带来了双重影响。所谓黑客文化，指的是基于黑客群体所特有的知识、信仰、艺术、道德、法则、习俗等组成的整体文化。那么，黑客文化会对青少年产生怎样的影响？作为当代青少年，我们又应该怎样客观理性地认识黑客呢？

一、黑客文化对青少年的积极影响

2013 年 3 月，美国政府为了选拔网络人才，在高中生中举办了一场网络挑战赛。在来自 110 所美国高中的 700 名中学生中，有 40 人经选拔参赛，他们必须在重重测试中脱颖而出才能获得最后丰厚的大奖。美国国土安全部当时表示需要招募 600 名黑客人才，举办黑客大赛是其众多物色网络人才方式中的一种，希望借此吸引年轻人加入美国的网络安全队伍。[1]

可以看出，社会对黑客并不是完全抵制的。对于我们青少年来说，黑客文化的积极影响可以体现在以下几个方面。

（一）激发对网络技术的学习兴趣

当你看的影视作品中出现黑客时，你有没有被他们高超的计算机技术所吸引，对这种技术产生向往和崇拜？黑客是精通计算机技术的一群人，这种技术上的优越性是黑客的一种普遍特征。受到这种黑客文化的感染，我们中的一部分人可能会对黑客产生一种崇拜心理，这种崇拜感或许会令我们对黑客心生向往。要成为黑客，首先需要掌握的便是高超的计算机技术。这也就在一定程度上激发了我们想要学习计算机技术的兴趣。在这个信息化

---

[1]　案例来源：美少年黑客成了"香饽饽" 政府与企业争抢网络人才 [N]. 法制日报，2013-04-02.

时代,掌握先进的计算机技术对于将来个人的发展是大有益处的,同时也能更好地服务社会、为社会做贡献。

（二）黑客文化中不断探索的精神能够激励青少年

许多黑客不以牟利为目的,而仅仅只追求技术的进步。黑客文化当中的一个传统,就是探索先进技术,例如,不断查获软件的缺陷并予以公开发布,这也是体现黑客价值的一种方式。我们了解黑客和黑客文化之后,能够体会到黑客文化中这种不断探索的精神。这种精神不应仅仅存于黑客文化中,更加应该被运用到我们的日常学习和生活中。虽然黑客的不当行为不值得推崇,但这种不断探索科技的精神是值得我们学习的,只有不断追求更高层次的进步,才能在学习和生活中取得更长远的发展。

二、黑客文化对青少年的消极影响

2016 年,英国《独立报》披露,英国一名 17 岁少年在一次庭审中承认,他侵入英国一家大型电信公司的数据库,发现该公司网站存在严重安全漏洞,便利用"合法软件"进入其内部系统,并在网上"分享"了这一发现。虽然他并没有为自己牟利,但黑客行为给企业造成了巨大损失。"我当时一点都没有意识到自己的行为是犯罪,只是想向小伙伴们炫耀自己的计算机才能。"这名少年对法官说,实施网络攻击后他常公开展示自己的战果,以博得同伴的喝彩。这名少年非常后悔自己的所作所为,告诫人们不要在网络世界逞英雄,以免跌入犯罪深渊。[1]

(一)对黑客的盲目崇拜和模仿有害青少年的身心健康

有些人对黑客不太了解,提起黑客,出现在脑海中的往往是较为浅显的外形特征,比如:足不出户坐在电脑前的宅男形象,在面对其他事物时目光呆滞,只有在对着电脑时才会两眼发光,寡言少语,不善于与人沟通等。这些都是长期以来人们对黑客形成的刻板印象,反映到外貌特征上,黑客的形象可能是不修边幅的、胡子拉碴、眼窝深陷、厚重的黑眼圈等。有些人对黑客的崇拜并不是建立在足够了解的基础上的,对于黑客的模仿也仅仅停留在表面。如果我们中的有些人出于对黑客的崇拜,盲目地对黑客进行模仿,整日坐在电脑前,长期泡在网吧,既荒废了学业,损害了身体,又摧残了自身的意志,还可能导致整个人萎靡不振。

(二)对黑客的盲目崇拜和模仿可能危害网络安全,酿成大错

如果崇拜黑客能让青少年学会先进的计算机技术,并且用技术做对社会有益的事,这无疑是一件好事。但假如技术运用不当,则会严重破坏网络安全,也会对我们自身造成不好的影响。我们可以因为崇拜黑客而学习计算机技术,这件事本身是没有害处的,但是如果我们将学习到的技术运用到不恰当的领域,这就

---

[1] 任彦.欧盟加强防范青少年网络犯罪.人民日报,2016-12-26.

是有害的。不管是出于什么目的，入侵计算机系统盗取信息或者传播病毒，一旦触碰到网络安全的底线，这种行为就是不合理的，甚至是违法的。即便是未成年人，触犯了法律也会受到相应的惩罚。技术无所谓好坏，重要的是人们怎么用它，将它用到什么地方。我们掌握计算机技术本身是有益的，但是有些青少年心智尚不够成熟，不能够清晰辨别是非曲直，这就需要社会各方对青少年的行为加以引导，开展好网络安全教育，使其严格遵守网络安全的法律底线。

三、如何客观理性地认识黑客

就像世上没有纯粹的好人与坏人一样，黑客也是一个存在着诸多争议的群体，一方面他们确实给网络安全造成了潜在的威胁，另一方面，黑客在修复、升级软件系统的领域也做出了重要的贡献。对于这样一个有争议的群体，应该全方位、多角度地进行评判，客观理性地加以认识。

（一）黑客行为不应全盘否定

在很多人眼里，黑客是入侵他人电脑、破坏网络安全的代名词，但是实际上黑客并非都是如此，大部分黑客都是出于好奇心或者是对技术的喜爱和迷恋，并没有恶意和犯罪动机。正如上文中所提到的，有一部分黑客还会不断查获软件的缺陷并予以公开发布，这对于软件的升级和安全性的加强是有益的。

(二)黑客行为也不应推崇

近年来,利用网络进行恶意破坏和牟取利益的人数不断增加,虽然仍有一部分黑客坚持正义的行为,但大部分黑客的行为都是以破坏计算机系统的安全为前提的。对于系统的所有者来说,系统被黑客破坏会导致物质和精神上的双重损失,这种行为不值得推崇。

(三)黑客行为应加强引导

计算机技术本身无所谓好坏,重要的是如何使用它。因此,黑客行为需要加强引导。一方面,可以引导掌握优越技术的黑客为社会服务;另一方面,对于黑客的犯罪行为予以坚决打击,给其他有犯罪倾向的黑客予以警示。

第二节　青少年面临的网络安全问题及原因

💡 你知道吗？

　　风险无处不在，就算是平时走在大街上，来来往往的车辆和行人都可能是潜在的风险。在网络社会中也是如此，存在着许多危险因素。面对这些危险，我们需要遵守网络世界的"交通"规则，不闯"红灯"，做好自己该做的。

　　当你上网时，是否觉得网络上存在着一些不安全的因素呢？这些常见的网络安全问题背后又包含着哪些复杂的原因呢？这就是本节主要探讨的问题。青少年处在一个对新鲜事物有着极大兴趣的年龄阶段，对新鲜事物的学习能力很强。互联网为我们大量接触到自己感兴趣的信息，提供了方便快捷的信息渠道，但也带来了许多网络安全问题，这些网络安全问题给我们的成长带来了负面影响。

一、青少年面临的网络安全问题

(一)网络诈骗

如果你的朋友通过微信或者 QQ 等社交工具发消息向你借钱,你会毫不犹疑地直接借给他,还是先确认一下他的身份是否是本人? 对于不能确定借钱者身份的借钱行为,要提防遭遇网络诈骗。

随着近年来网络购物的兴起和普及,网络诈骗也随之出现并日益猖獗,不法分子利用网络骗取他人钱财的手段越来越高明,人们需要更加谨慎仔细地辨别信息才能降低上当受骗的概率。尤其是我们青少年,社会经验不够丰富,比较单纯,辨别信息的能力也不强,很容易成为网络诈骗的受害者。网络诈骗可以通过各种形式和手段,例如冒充好友借钱,通过钓鱼网站盗取信息、骗取钱财,等等。为了尽量避免网络诈骗及其带来的损失,我们应当加强自我防范意识,网购时选择正规有保障的购物网站。遇到好友在网络上借钱等行为,要先验证是否是本人之后再决定,不要轻易相信他人,以免上当受骗。不随意点开陌生的网址链接。必要时可向老师和家长求助,凭借老师和家长的社会经验帮助我们做出判断,将上当受骗的可能性降到最低。

(二)网络暴力

互联网的普及给人们的生活带来了极大的便利,对于青少年来说,我们可以通过互联网获取知识、开阔眼界,但网络上的信息纷繁复杂,良莠不齐,某些非法网站上的暴力内容会给我们带来极大的负面影响。网络暴力包括暴力网站、暴力游戏及语言暴力等。暴力网站上含有大量的凶杀血腥暴力内容,给青少年造成了感官上的冲击和刺激;暴力游戏则是通过模拟逼真的暴力场景来吸引青少年,时间久了可能会使青少年分不清虚拟世界和现实世界的区别,将暴力游戏中的表现代入现实生活,产生攻击倾向;网络语言暴力近些年来更是常见,许多人仗着网络的虚拟性,不负责任地对他人发表一些攻击性的言论,甚至搜索出他人的真实信息进行公开辱骂,对他人的身心造成极大的伤害。由于许多青少年缺乏鉴别能力,且自我控制能力往往不够强,很容易陷入网络暴力的旋涡之中。避免网络暴力的侵扰,需要我们学会辨别暴力网站并且自觉抵制,培养积极向上的兴趣爱好而不是沉溺于暴力游戏。即便是玩健康的网络游戏也要适度。在网络上也要为自己所说的话负责,不能随意攻击他人。

(三)网络色情

我国的性教育相对来说比较缺失,大多数人在谈论性时都是一副遮遮掩掩的态度,这就使得我们对此更加好奇,从而试图通过网络去了解这方面的知识。还有一部分青少年接触网络色情是由于在上网时自动弹出的色情窗口,一旦沉迷其中,青少年将深受其害,不仅会有害身心健康,影响学业,更严重的还可能会走上犯罪的道路,造成无法挽回的悲剧。正确地学习性知识是抵制网络色情的第一步。谈性色变的时代早已过去,学校需要开设相关的课程来普及性知识,让我们通过正当的途径学习和了解相关知识,而不是自己在网络上通过色情视频寻求答案,这样才能远离网络色情给青少年带来的危害,还青少年一个健康的网络环境。

(四)网络成瘾

网络成瘾是指沉浸在网络之中,具有对互联网产生强烈的依赖感,甚至完全无法控制自己,对身心健康造成了极大的影响的症状。青少年网络成瘾者最普遍的是沉迷于网络游戏,除此之外还包括沉迷色情内容和社交网络。长期沉迷于互联网会导致思维不灵敏,幸福感和自我满足感降低,对青少年的危害更是显著。首先,网络成瘾最直接的后果就是导致青少年学习成绩下降。网络占据了青少年学习的时间,降低了他们对学习的兴趣。其次,网络成瘾会损害青少年的身心健康。青少年正处于身体发育的阶段,长期坐在电脑前或者利用手机上网,会打乱他们日常生活的生物钟,不利于身体发育。再次,网络成瘾还会影响青少年的日常人际交往。因长期泡在网上而忽略了日常生活中的人际交往,可能会形成孤僻、沉默寡言的性格,更严重的可能会导致抑郁症。最后,如果过于沉溺网络,失去理智,还有可能为了上网做出违法的事情,酿成大错。

(五)安全工具使用不当,遭受病毒侵袭

在上网时需要安全工具的保护,安全工具能够保护计算机不被病毒侵袭。然而对于很多青少年来说,他们并不知如何正确合理地使用安全工具,甚至有一部分青少年根本没有这方面的意识,上网时从来没有使用过安全工具,使得病毒有机可乘,入侵计算机系统,从而造成隐私泄露等网络安全问题,带来无法预计的后果。

二、青少年网络安全问题产生的原因

(一)青少年自身缺乏自控能力和判断能力

青少年处在人生发展的特殊阶段,心智还不够成熟,自我控制能力也不够强,面对网络的诱惑往往会因为意志力不够坚定而受到伤害。尤其是如今生活水平提高了,青少年的生活环境更加优越,加上很多都是独生子女,日常生活中缺少玩伴,便会选择在网络上寻求乐趣、消磨时光。网络安全意识的缺失、自控能力和判断力的不足,加上网络上存在着大量诱惑,使得青少年很容易沉迷网络,无法自拔,从而影响身心健康和日常生活。

(二)学校和家庭教育的缺失

由于青少年自身的控制力和心智还不够成熟,因此这个阶段家庭和学校的教育就显得尤为重要。青少年网络安全问题的产生,有一部分原因是学校和家庭网络安全教育的缺失。学校方面,缺少相应的课程普及相关知识。家庭方面,家长对青少年的网络安全意识缺乏引导,甚至有很多家长自己对网络安全的相关知识都不甚了解。再加上青少年自身的控制能力不够强,这就导致了青少年在面对网络安全问题时容易受到侵害。

（三）监管部门工作不到位

对于青少年网络安全,我国有一些法律法规进行了相关规定,但面对复杂多样的网络安全问题,监管的效果尚不明显。例如,虽然有未成年人禁止进入网吧这一规定,但实际上很多网吧对待未成年人上网现象都是睁一只眼闭一只眼,有些网吧为了赚取更多的利益,甚至会借用成年人的身份证帮助未成年人成功进入网吧。这一现象之所以普遍,除了网吧经营者的过失之外,监管部门也必然是有一定责任的。监管工作执行得不到位,导致这种有害于青少年网络安全的现象屡禁不止。

（四）网络信息数量庞大且良莠不齐

网络具有强大的功能,能够储存数量庞大的信息,但信息数量庞大往往也意味着质量的良莠不齐。由于网络的虚拟性,有些人在网络上发表一些不负责任的言论和信息,鱼龙混杂的信息充斥着网络,使得网络环境愈发复杂。青少年在日常生活中通过网络接触到这些信息,由于自身缺乏判断力,经常会被这些信息所影响,做出错误的判断,受到身心的伤害。

三、案例分析

(一)网络诈骗案例

一位大三的王同学在"十一"假期时寻找兼职,因为之前听同学提及可以帮网店刷信誉,于是便在网上找了一份兼职,帮一家网络科技有限公司刷信誉赚钱。她在没有任何保障的情况下,先后24次用自己银行卡里的钱为这家公司代买商品,事后向商家索要佣金和自己垫付的钱时,被商家要求再次购买商品,她这才察觉出不对劲,在网上一搜才发现已经有不少人上当受骗。

近年来,网络兼职诈骗的案例比较常见,尤其是在青少年群体中,与王同学有类似经历的人很多。造成这种情况的原因是多方面的,最主要的有以下几点:一是青少年的警惕意识较弱。在上面的案例中,王同学在没有对方具体联系方式、没有合同和资金安全保障的情况下,就贸然用自己银行卡里的钱代买商品刷信誉,从而损失了财产。二是诈骗团伙的猖獗,公然在网络上发布虚假的兼职信息。三是监管部门对此类犯罪的打击力度不够,使其屡禁不止。

为了减少网络诈骗案件的发生,学校和家长需要对青少年进行防诈骗教育,提高其警惕性。同时,相关部门要对网络诈骗行为予以严厉打击,尽可能保障网络的安全和洁净。

(二)网络暴力案例

2014年11月30日上午,19岁的少年曾鹏宇在微博上直播他的自杀经过,网友纷纷围观。大量的网友在他直播自杀的微博下留言,有很多人劝他不要死,安慰他、开导他,但同时也有很多人对这个素不相识的男孩并不友好。曾鹏宇曾在某个时刻表达过放弃自杀的念头,但是有些人在微博下发表"不行,你必须死""你赔我流量"等刺激性的评论,后来经警方证实,他最终还是自杀了。

网络语言暴力之所以存在,很大一部分原因是网络的虚拟性和匿名性,有些缺乏网络道德素养的人认为不用为在网络上发表的言论负责,因此在攻击他人时不考虑后果,根本不会想到自己的言论会对他人造成什么样的影响。就像案例中的曾鹏宇,在微博直播自杀时看到很多网友的劝解,原本有放弃自杀的念头,但另一些网友则发表恶意评论,刺激了曾鹏宇的情绪,使事态往坏的方向发展。在曾鹏宇直播自杀的过程中,那些善意的评论虽然不一定能够挽救他,但在他非理性的状态下,那些恶意的评论定会产生不好的影响,成了压垮他的最后一根稻草。

青少年在上网时需要谨记网络道德规范,提升自己的网络道德素养,坚决抵制网络暴力,不要让自己成为网络暴力的施行者。

(三)网络色情案例

2015年年初,宁夏银川市几名年轻人闲来无聊,组建了一个QQ群,群内先后加入了400名成员。之所以能吸引这么多人入群,是因为群内上传了大量淫秽视频。

据统计,6名群管理员先后在群里上传了46部淫秽色情视频。然而这6名年轻人不知道,自己早已被网络警察盯上。警方发现后及时立案侦破,6名涉案的QQ群管理员被依法批捕。

在公共空间传播淫秽色情物品是违法行为,这6名管理员在组建的QQ群内上传淫秽视频,这种行为毫无疑问是违法的。不主动传播淫秽色情信息只是最基本的要求,除此之外,青少年在上网过程中无意接触到淫秽色情信息,应该主动回避和远离。学习和了解性健康知识应该通过正当的途径,比如科普类书籍和学校开设的相关课程,不应在不正规的网站上寻求答案,以免受到淫秽色情信息的影响。

(四)网络成瘾案例

17岁少年小新(化名)为了偷钱上网,竟然将奶奶当场砍死,将爷爷砍成重伤。事后,小新投案自首。

两年前,小新开始沉浸在网络里,学习成绩直线下降。初中还没有毕业便辍学。最开始小新上网是用帮家里照看台球桌挣的钱,后来家里不再给钱让他上网,他便想到了偷。偷爸爸的钱后被爸爸打骂,但是并没有起到任何效果。为了偷爷爷的钱,他将睡梦中的奶奶砍死,将爷爷砍伤。投案自首后的他非常后悔:"我当时只想着拿到钱后就去网吧,根本没想后果。如果让我在上网和奶奶之间重新选择,我肯定选择奶奶。"网瘾彻底摧毁了小新的理智。

网络是把双刃剑,使用得当能够给青少年带来很大的益处,但如果过度沉迷,也会带来极大的危害。如今,沉迷网络的青少年并不少见,程度轻的可能会损害身心健康、影响学业,程度重的则可能会像小新一样为了上网而酿成无法挽回的严重后果。因此,青少年上网要遵循适度的原则,加强自制力,处理好上网娱乐与学习之间的关系,不要让网络影响到自己正常的学习和生活。

(五)病毒侵袭案例

从 2017 年 5 月 12 日开始,一款名为 WannaCry（又称"想哭"）的勒索病毒在全球范围内疯狂传播。病毒锁死用户数据和电脑文件,要用户支付价值 300—600 美元的比特币赎金。勒索病毒从发现到大面积传播,仅仅用了几个小时,其中高校成为重灾区。涉及至少 150 个国家,损失达 80 亿美元,规模空前。中国也有近 3 万家机构的计算机遭受影响。

这款勒索病毒之所以能够大面积传播,利用的是微软的"永恒之蓝"漏洞。其实早在 2017 年 3 月,微软已经就这一漏洞发布补丁,但是大多数用户并没有打补丁的习惯,这在某种程度上来说也是导致这个病毒大面积传播的原因之一。通过这个案例我们可以知道,在上网时及时修复补丁和漏洞非常有必要,能够尽可能避免电脑被病毒侵袭,保护我们上网时的网络安全。

比特币可以在暗网中流通

第三节　快乐安全地使用互联网

💡 你知道吗？

《三字经》里说："昔孟母，择邻处。"说的便是孟母三迁的故事。孟母三迁指的是孟轲（孟子）的母亲为选择良好的环境教育孩子，多次迁居。在现代社会，许多家长如同古时的孟母一样，对孩子的教育环境的选择煞费苦心。随着网络的普及，网络环境也成为影响青少年身心发展的重要环境之一。加强网络安全教育，保护网络环境，才能使我们更加安心地使用互联网。

一、加强青少年的网络安全教育刻不容缓

二十年前，"网络"一词对青少年来说可能还是比较陌生，但在现在的生活中，可谓是无人不知、无人不晓。随着智能手机的普及，人们使用网络获取信息变得越来越方便快捷。在网络的普及过程中，青少年是一个不可忽视的群体。尤其是正处于价值观形成的重要阶段的青少年，如果受到网络不良信息的干扰，可能对我

们的生活造成不良的影响,因此加强青少年的网络安全教育刻不
容缓。

虽然网络在青少年群体中的普及率较高,但其实很多同学缺
乏网络安全意识教育,这就导致网络中的不利因素有机可乘。虽
然安全技术和法律能够在一定程度上保护青少年,但并不能从
根本上杜绝危害网络安全的行为发生,因为技术和法律都具有
局限性。因此加强对网络安全的教育具有十分重要的意义,能够
从源头上减少网络犯罪行为的发生,同时提高青少年上网时的警
惕性。

网络带给人们的便利是显而易见的,但与此同时也带来了很
多风险,产生了很多网络安全问题。我国正在完善国家安全战略
和国家安全政策,将网络安全纳入了国家安全体系之中。青少年
应增强网络安全意识,提高防范和抵御安全风险能力。因此,面
对网络安全问题,正确的态度不是因噎废食、放弃网络,而是正视
网络带来的安全问题,运用一切方法将网络带来的负面影响降到
最低,使网络能够更好地为人类社会的进步服务。

维护网络安全,除了加强安全技术之外,还应当将青少年放
在维护网络安全的重要位置。使用网络的主体是人,维护网络安
全也应当从青少年出发,加强教育。网络安全教育能够使人们对
网络安全有一个更深层次的了解,具备更强的安全意识,提高社
会责任感,更加有效地维护网络安全。需要特别指出的是,无论
是何种方式,都只能使得互联网变得相对安全。

二、如何培育青少年的网络安全素养

进入网络时代,青少年与互联网之间的关系越来越紧密。面对复杂的网络信息,需要建立起一道防护墙,尽可能过滤掉那些有害的、可能带来威胁的信息,维护网络安全,为青少年提供一个洁净、健康的网络环境。除了保障良好的网络环境之外,还需要国家、社会和个人层面的多方努力,多层次地培育青少年的网络安全素养,帮助青少年更加快乐安全地使用互联网。

（一）国家层面

为了保障网络安全,国家出台了相关法规,你知道的有哪些呢？就以生活中常见的"黑网吧"为例。大街小巷随处可见的网吧为人们提供了上网的便利,但有些网吧也会出现违规现象。《中华人民共和国未成年人保护法》第三十六条明确规定："中小学校园周边不得设置营业性歌舞娱乐场所、互联网上网服务营业场所等不适宜未成年人活动的场所。营业性歌舞娱乐场所、互联网上网服务营业场所等不适宜未成年人活动的场所,不得允许未成年人进入,经营者应当在显著位置设置未成年人禁入标志;对难以判明是否已成年的,应当要求其出示身份证件。"

对于国家所规定的"未成年人禁止进入网吧"这一法规,并非所有网吧都能严格遵守,这对于青少年养成健康上网的习惯是极为不利的。在网吧里,很少有人会控制青少年的上网时长,网络上也存在着淫秽色情、暴力等内容。国家是出于对未成年人的保护才颁布这项规定的,青少年应该自觉遵守国家的法律法规,在学校和家中使用网络。

（二）社会层面

在网络刚刚兴起的年代,很多人都将网络看作洪水猛兽,仿佛只要让孩子接触网络就会被其吞噬。网络时代已经到来,完全不接触网络是不切实际的,网络已经与日常生活和学习紧密相连。与其一味地限制青少年接触网络,不如针对青少年的特点,将网络与学习生活结合起来,寓教于乐,使青少年在上网的过程中快乐地学习生活。

对大多数青少年来说,网络游戏具有强大的吸引力。因此,网游公司也要多推出内容健康、设计科学的好游戏,让青少年充分享受科技进步带来的新的学习方式。青少年在使用网络时,也要有意识地选择绿色网络,自觉地遵守各项制度。

（三）家庭层面

家庭对于一个人的重要性毋庸置疑,在网络安全教育方面,家庭同样起着关键的作用。

父母是否对你说过以下的话:"为了学习,家里不能买电脑也不能装网线,学会上网学习成绩就会下滑了！""又玩电脑,整天就知道玩电脑,作业做完了吗？还不快去学习……""你看某某某,以前成绩多好,现在学会上网就不好好学习了,整天上网打游戏,你可千万不能学他。"大多数人青少年都可能从父母那儿听到过类似的话,在很多家长眼里,上网就是叛逆、学业下滑的原因。事实上,网络不仅是娱乐和休闲的工具,也是学习知识、获取信息的重要途径。家长应该引导青少年,更多地从网络中受益,减少网络可能带来的危害。

首先,家长们要改变观念,对网络不要抱有偏见,应该更加客观理性地看待互联网。同时,家长们的示范作用很重要。在日常生活中规范自己的上网行为,为青少年树立榜样。家长还要有意识地培养青少年树立正确的价值观和良好的道德品质。

处于青春期的青少年,社会经验不丰富,很难清晰辨别网络信息的真假,容易受到网络的影响,家长的引导和监督可以帮助青少年更好地使用网络。家长的监督一般包括以下几个方面:第一是上网的时间。上网时间不宜过长,长时间上网不仅会影响学业,还会造成眼睛疲劳、视力下降等危害。青少年要学习合理安排上网时间。第二是对浏览网站的监督。多引导青少年浏览绿色网站,对不利于身心健康的网站要坚决抵制。

(四)学校层面

想象一下,当你学习一个新的知识点,是坐在教室里翻阅课本有效,还是通过网络查找相关信息更能让你印象深刻?现代学校教育须将两者相结合。

学校是青少年接受教育的主要场所。开展网络安全教育,学校责无旁贷。站在青少年的角度,可以给学校提一些建议。

学校须配备相应的网络硬件设施,例如电子阅览室等,并在学校普及使用方法和规则,保障青少年获取信息的渠道。除了硬件设施外,网络安全知识的普及也必不可少。学校需要开设与网络安全知识有关的课程,并且为这些课程配置有经验的老师。只有具备一定的网络安全知识和具有信息素养的教师,才能更好地向青少年普及网络安全知识。这些课程除了普及网络安全知识之外,更重要的是提高学生的网络道德水平。

利用信息技术进行教学。学校可以将日常的课程与信息技术相结合,在教学过程中利用多媒体辅助教学,通过互联网搜索与课程相关的资料,例如视频、音频、图片等。这既能丰富课堂内容,增加课堂的趣味性,又能向青少年展示网络信息,增加青少年对网络的兴趣,引导青少年利用网络学习新知识,多关注网络上有价值的内容。

引导青少年健康地上网。在网络世界中,青少年如同进入了一个新世界,可以扮演新的社会角色。尤其是一些现实生活中不善于与人交流的同学,在网上说不定会侃侃而谈。但很多时候,青少年并不知道隔着屏幕的到底是怎样的人。在这种情况下,老师要引导青少年,加强网络安全教育,避免网络欺骗。

学校还可以多组织与网络安全相关的活动。青少年可以通过社团活动等增进现实世界中的交往,不过度沉溺于网络。也可通过网络安全知识竞赛等活动,让青少年在轻松的氛围中学习网络安全知识。

需要特别指出的是,学校在对青少年进行网络安全教育时要考虑到年龄特点,少一些说教,多一些平等的沟通。

(五)个人层面

1. 掌握网络知识和技能,提高辨别能力

从个人层面来说,青少年首先要掌握基础的网络知识,利用网络知识为自己的生活和学习服务。学习网络知识的途径有很多,如学校开设的课程、父母的引导、自学等等。需要注意的是,提高自己对信息的辨别能力也十分重要。

由于人们在网络上发布信息越来越便利,网络上的信息数量暴增,信息质量良莠不齐,虚假信息充斥着网络世界,网页中弹出的虚假广告和中奖信息,针对某些事件的不实言论等,几乎每个人都曾在网络世界中遇到过。青少年社会经验不够丰富,更容易受到虚假信息的蒙骗,因此要提高辨别能力,学会准确区分虚假信息和真实信息,以免上当受骗,造成精神和财产的损失。

除了要学会区分真假信息之外,青少年们还应该掌握筛选有用信息的技能。网络上的海量信息中,不是所有信息都是有价值的,而且每个人的精力和时间有限,这就需要我们提高对信息的筛选能力,提高学习的效率。

2. 提升自我管理能力,加强自律

青少年沉迷网络的现象很多,因为受到网络游戏、网络社交的诱惑。网络能够让我们认识更多的朋友、扩大自己的社交圈,但要区分虚拟世界与现实世界,在网络上对陌生人要保持警惕,避免上当受骗。忽略现实中的交往,可能会造成青少年的焦虑,出现不合群的现象,甚至引发心理问题。因此,要提高青少年自我管理能力。

3. 遵守网络道德和法律法规

网络是一个虚拟的空间,但同样需要遵守道德规范和法律法规。青少年在使用网络时,应时刻牢记这一点,坚决遵守网络道德规范,不做违反法律法规的事。网络道德培养是青少年网络安全素养教育的重点。

在网络的世界中,需要遵循现实生活中的道德准则,尊重网络空间里的各项权利,不侵犯他人的隐私,不随意辱骂攻击他人,和他人友好相处,共创和谐美好的网络环境。在虚拟网络上,也要坚持自己的道德准则,不能放纵自己,做出破坏网络安全和网络秩序的事。青少年在网络上要坚持诚实守信的原则,为自己的言论和行为负责,不发布不实信息博取关注,也不能轻易许诺而不兑现。

在网络上法律法规同样适用于每一位公民,网络上的违法行为一样会受到法律的制裁。因此,青少年要学习相关法律知识,不做违法乱纪、损害公共利益的事。青少年不仅不应在网络上发表违反法律的言论和信息,而且一旦发现其他人发表违法信息,应该及时举报。

4. 增强网络安全意识,提高自我保护能力

对青少年进行网络安全素养教育,除了普及网络安全的相关

知识外,还应当着重培养青少年的网络安全意识,提高青少年的自我保护能力。

网络环境的复杂性要求青少年在上网时提高警惕。在受到不良信息的干扰时,保持清醒的头脑和坚定的意志。面对网络上的陌生人,更是要提高自我保护意识,不能独自与网友见面。应当将自己的人身安全放在第一位,不能轻易透露自己的个人信息,避免不法分子利用信息行骗,造成人身、财产的损失。

提高网络世界中的自我保护能力,可以从以下几个方面着手:首先青少年要掌握网络安全的相关知识,这样在面对网络安全问题时才能及时地应对和解决;对于那些自己无法解决的情况,可以求助家长或老师,让他们帮助处理;除此之外,还可以利用相关软件作为辅助工具保护网络安全,降低被攻击的风险。

💬 讨论问题 ....

1.在网络安全素养教育方面,你对学校和家长有什么样的期待和建议?

2.为了更加快乐安全地使用互联网,你自己做过什么样的改变?

3.通过网络搜索,了解其他国家在维护网络安全方面是怎样做的。将你的发现同大家一起分享讨论吧。

....

—学习活动设计—

1. 周末,和父母一起看一场有关黑客的电影吧。邀请父母和自己
   各写一篇观后感,比较一下在对黑客的认识上有什么不同。

2. 寻找曾经遭受过黑客攻击的人或者企业,采访或搜集一下当
   事人的信息,了解黑客攻击的基本方式和应对的基本防御
   方法。

3. 参加一次青少年网络安全知识的培训或学习活动,拍下照片,
   用文字记录学习心得发到微博或微信"朋友圈"。

参考文献

1. 孙燕群,刘伟.计算机史话 [M].青岛:中国海洋大学出版社,2003.

2. 杨青.别碰我的电脑:黑客攻防与网络安全 [M].北京:中国电力出版社,2003.

3. 杨云江.计算机与网络安全实用技术 [M].北京:清华大学出版社,2007.

4. [美]里夫.黑客:计算机革命的英雄 [M].赵俐,刁海鹏,田俊静,译.北京:机械工业出版社,2011.

5. 张博,孟波.常用黑客攻防技术大全 [M].北京:中国铁道出版社,2011.

6. 吴翰清.白帽子讲 Web 安全 [M].北京:电子工业出版社,2012.

7. 赵满旭,王建新,李国奇.网络基础与信息安全技术研究 [M].北京:中国水利水电出版社,2014.

8. [美]米特尼克,[美]西蒙.反欺骗的艺术:世界传奇黑客的经历分享 [M].潘爱民,译.北京:清华大学出版社,2014.

9. 方兴东 . 黑客微百科：洞察网络时代的未来 [M]. 北京：东方出版社,2015.

10. 智云科技 . 电脑安全与黑客攻防 [M]. 北京：清华大学出版社,2016.

后 记

随着互联网的迅猛发展,网络媒介的影响力日益增大,青少年对网络媒介的依赖越来越深,网络化生活日益成为青少年的一种日常生活和生存的方式。青少年在使用网络的过程中,由于在年龄、知识以及判断力等方面的局限,面对现实复杂的网络环境,有时容易沉迷网络的虚拟世界,甚至走上歧路,严重影响青少年的健康快乐成长。

作为与互联网共生的一种网络群体,黑客对网络安全的影响一直是一个值得关注且不容忽视的议题。《黑客与网络安全》一书重在紧扣当前新媒体传播的现实语境,面向青少年普及黑客与网络安全的基本知识,帮助青少年全面、科学及理性地认识黑客,进而培养青少年的网络安全素养。《黑客与网络安全》编写过程中,我的研究生张景南、悦连城、李曼霞和段豆参与了案例收集、资料整理及部分章节的撰写工作,特此感谢。

陈　刚

2017 年 5 月于珞珈山

图书在版编目（CIP）数据

黑客与网络安全/陈刚著.— 宁波:宁波出版社，
2018.2（2020.7 重印）

（青少年网络素养读本.第 1 辑）

ISBN 978-7-5526-3091-6

Ⅰ.①黑… Ⅱ.①陈… Ⅲ.①计算机网络—素质教育
—青少年读物 Ⅳ.① TP393-49

中国版本图书馆 CIP 数据核字（2017）第 264153 号

丛书策划 袁志坚		**封面设计** 连鸿宾	
责任编辑 陈 静		**插 图** 菜根谭设计	
责任校对 李 强		**封面绘画** 陈 燨	
责任印制 陈 钰			

青少年网络素养读本·第 1 辑
黑客与网络安全

陈 刚 著

出版发行 宁波出版社

　地　址　宁波市甬江大道 1 号宁波书城 8 号楼 6 楼　315040

　电　话　0574-87279895

　网　址　http://www.nbcbs.com

印　刷　宁波白云印刷有限公司

开　本　880 毫米 × 1230 毫米　1/32

印　张　6.5　　**插页**　2

字　数　140 千

版　次　2018 年 2 月第 1 版

印　次　2020 年 7 月第 4 次印刷

标准书号　ISBN 978-7-5526-3091-6

定　价　25.00 元